国际时尚设计丛书 · 服装

服装配件绘画技法

[英] 史蒂文 · 托马斯 · 米勒　著
蔡崴　侯钢　译

中国纺织出版社

服装配件绘画技法

史蒂文·托马斯·米勒（Steven Thomas Miller）

内 容 提 要

本书是绘制鞋、帽、手袋、钱包、化妆品和珠宝首饰等的实用画法指南，旨在为读者提供专业系统的绘制流程，同时介绍实用有效的绘制方法。本书作者是一位功底扎实、享誉盛名的服饰效果图画家，他将自己多年的绘画经验融入本书中，从实用、专业、创新的角度详细介绍了不同材质的配饰和服装的绘制方法和技巧。书中列举了大量效果图绘制案例，风格多样、步骤分明、重点突出，利于读者学习和掌握。

本书适合时尚从业人员、服装配件设计师、服饰设计师等相关专业的师生以及广大爱好者阅读与学习。

原文书名：DRAWING FASHION ACCESSORIES
原作者名：STEVEN THOMAS MILLER

This book was designed, produced and published in 2012 by Laurence King Publishing Ltd., London.

本书中文简体版经Laurence King Publishing Ltd. 授权，由中国纺织出版社独家出版发行。

著作权合同登记号：图字：01-2010-6988

图书在版编目（CIP）数据

服装配件绘画技法／（英）米勒著；蔡崴，侯钢译. --北京：中国纺织出版社，2014.1
（国际时尚设计丛书. 服装）
书名原文：Drawing fashion accessories
ISBN 978-7-5180-0160-6

Ⅰ. ①服… Ⅱ. ①米… ②蔡… ③侯… Ⅲ. ①服饰—配件—绘画技法 Ⅳ. ①TS941.28

中国版本图书馆CIP数据核字（2013）第267519号

策划编辑：李春奕　　责任编辑：杨　勇　　责任校对：王花妮
责任设计：何　建　　责任印制：储志伟

中国纺织出版社出版发行
地址：北京市朝阳区百子湾东里A407号楼　邮政编码：100124
邮购电话：010—67004461　传真：010—87155801
http：//www.c-textilep.com
E-mail：faxing@c-textilep.com
北京市雅迪彩色印刷有限公司印刷　各地新华书店经销
2014年1月第1版第1次印刷
开本：889×1194　1/16　印张：12
字数：145千字　定价：69.80元

凡购本书，如有缺页、倒页、脱页，由本社图书营销中心调换

目录

导言

服装配件绘画技法可以为你在未知的时尚国度打开一扇门，在艺术和时尚领域开辟一条超乎想象的康庄大道。本书不仅能够让你了解各式各样的工作室技艺，还能向你展示许多实用技能，并将它们运用到时尚市场中。也许有人认为一名服装配饰设计师不需要懂得如何绘画，而我认为，投入时间和精力去学习绘画技巧，对自己的前途是大有益处的。

各类印刷品和时尚展览对插画一直有着广泛的需求。如同图 1 展示的鳄鱼皮手袋一样，插画能瞬间吸引人们的眼球，激起人们对风格和潮流的无限遐想。这是一门旨在以充满激情的创意去启发和吸引人们的艺术。又如图 2 所示的手袋，仿佛这是一款专门为客户定制的独一无二的时尚商品一般，随时准备被售出。之所以要将时尚艺术运用于商业运作，是因为艺术手法不仅能够真实地展示产品，还可以完美地呈现产品的特色，激发消费者必须购买的欲望。当然，只有依靠制造商才能将设计师的理念变成真实的产品。如同图 3 的平面结构图所示，要想制成一件能准确反映设计师理念且突出鲜明个性的产品，首当其冲的是要画好产品平面结构图。这三种类型的插图分别具有相当的重要性，它们为设计师和销售者表达饰品独一无二的特征提供了重要途径。

如何选取绘制作品的材质和外观在作品中加入丰富的想象，融合独到的个人品位，并且能够成功地激起观看者的购买欲望，这是艺术家面临的挑战。书中详细介绍了各种工具，通过一步一步地悉心指导，为你介绍了一些必要的手段和方法，不仅可以使你变成自己渴望的效果图画家，还能突破你现有的绘画技巧，使你达到一个更高的艺术境界。同时，本书将会帮助你掌握观察和设计时尚配饰的基本概念，避免常见的错误，以提高你作品的成功率。逐步的示范可以向你展示工具的选择和纹理表现。本书并不是为了推崇某种艺术风格，而是帮助你开拓属于自己的风格，并介绍一些必要的基本技巧来推动你的事业向前发展，同时发掘新的流行趋势。

图1：一幅用于出版的效果图采用了不拘一格、生动活泼、富有启发性的艺术表现形式。

图2：一幅用于零售的效果图醒目大方，具有理想化、风格化的特点。

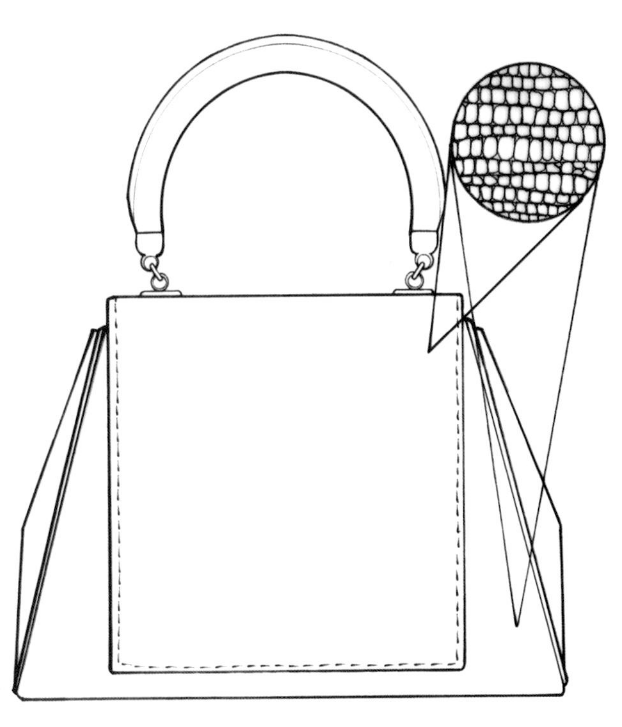

图3：用于生产的款式图采用了干净利落、细节精准、描述性强的艺术表现形式。

第一章 不同的笔和工具的运用

这一章将仔细分析本书中用到的笔和工具，向你介绍一些可用的工具及其基本特性。一旦你选择了某一种适合自己的风格和技法，就需要通过实验和练习，使作品专业，风格一致。

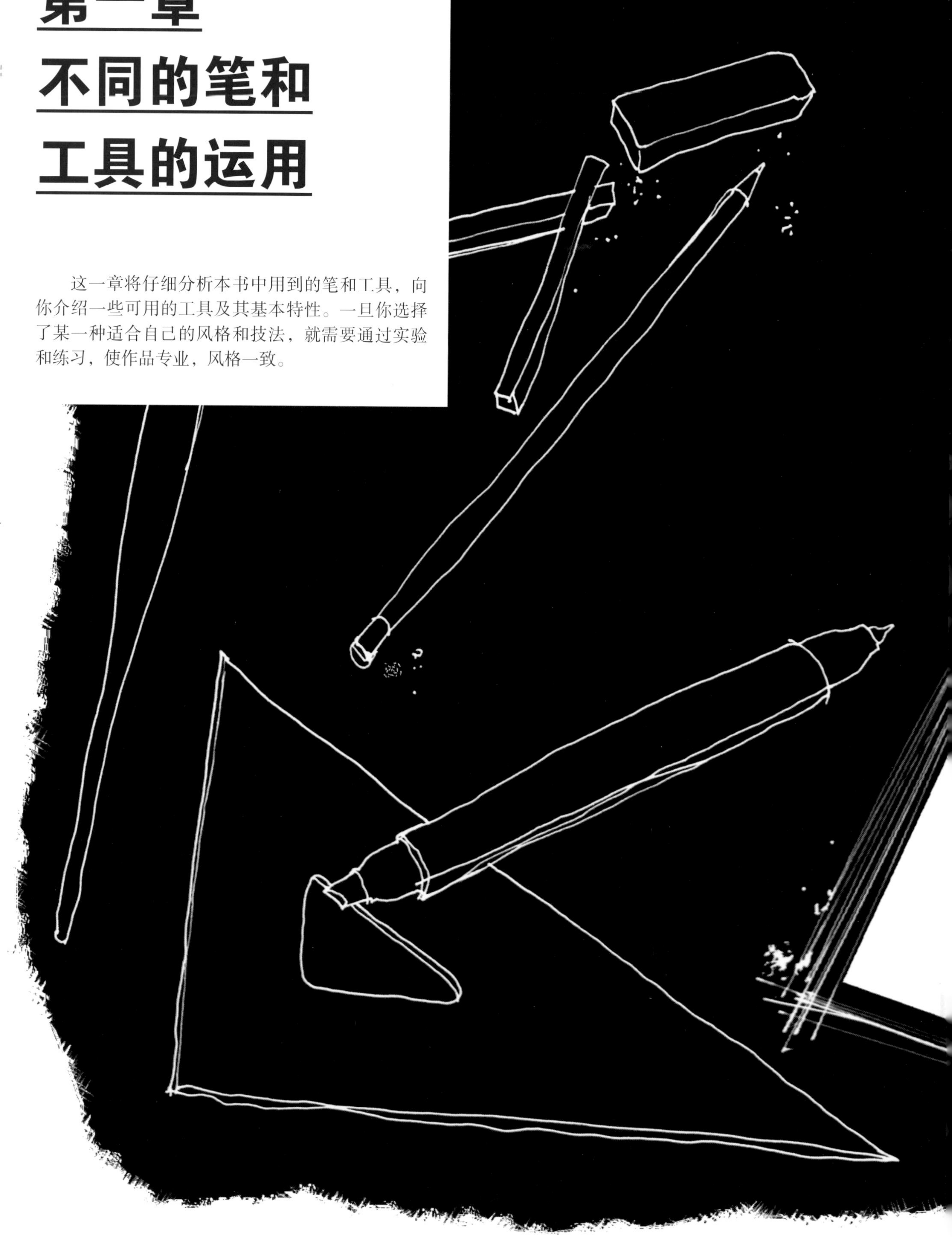

基本的干性工具

干性工具，例如炭笔、石墨、铅笔、彩铅和蜡笔，都是日常生活中随手可得的绘画工具。由于配饰的种类千变万化，纹理和表面各不相同，因此，寻找一种合适的工具非常重要，它有助于将加工完成后的配饰清楚简洁地表现出来。

炭笔

炭笔是最传统和最黑的干性笔。虽然炭笔不利于描绘细节，并且难以保持画纸的干净整洁，但是，炭笔是公认的最有厚重感并具有极强表现力的工具。从坚硬的2H到柔软的6B，炭笔的硬度和形式多种多样。柔软的炭笔通常被推荐使用，因为柔软的炭笔会因压力的不同绘制出不同深浅的颜色，相比之下，坚硬的炭笔则无法达到超越其硬度等级的深色。

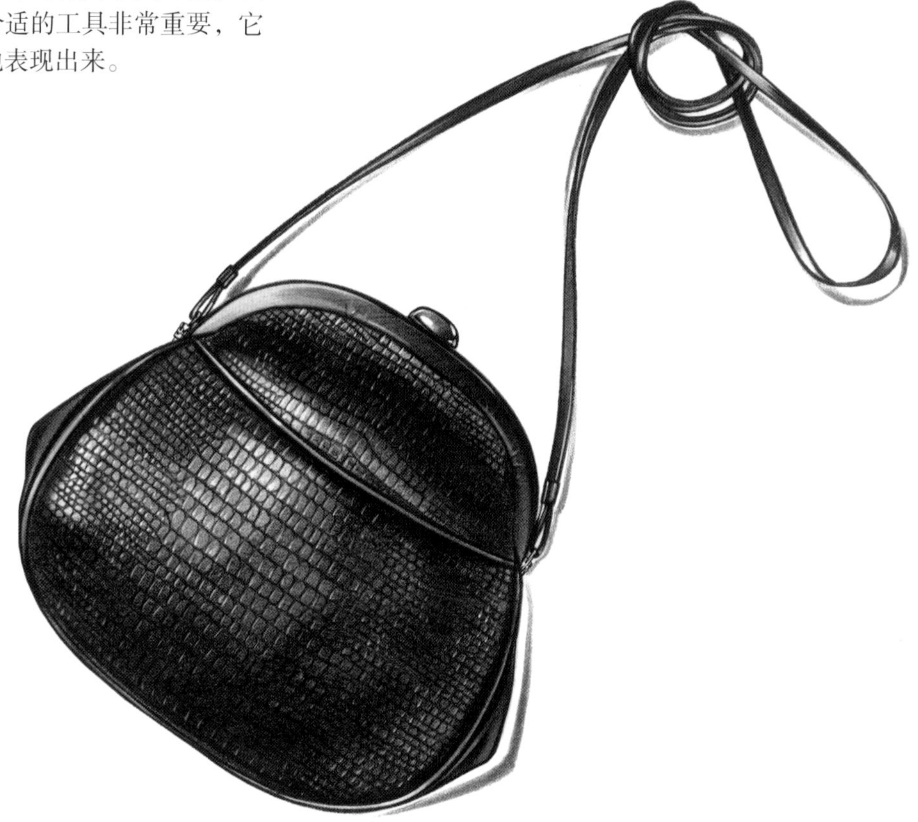

这是用炭笔描绘的鳄鱼皮手提袋，该画作被用于一个零售广告中。

炭铅笔

炭铅笔是一种炭条被木头或纸包裹的笔，可以用铅笔刀或者小刀削尖笔。除了常规使用以外，炭铅笔经常被用来表现极具表现力的线条。

藤木炭

藤木炭或者柳木炭能表现柔和的灰色色调。与一般的木炭相比，这种木炭更容易折断，用其在画纸上绘图后，能轻易地涂抹掉或擦掉。

压缩木炭

压缩木炭通常呈短块或短条状。由于它能绘制出极深的颜色，因此非常适合将笔身倾斜大面积涂抹。

木炭粉

木炭粉是以粉末状出现的炭，它可以用泡沫垫或鹿皮揉擦到画纸上。它同时也运用于图案和模板印刷。

石墨

石墨是一种灰色的材质，它光亮的表面具有提亮效果。它具有良好的可操控性，只要你不太用力在纸上按压，它都可以被轻易地擦掉。它的硬度等级非常宽泛，从最硬的9H到最软的9B。同时它的形式也多种多样。

如同这个尼龙靴子的效果图所示，石墨铅笔有很强的控制能力，可以渲染表面肌理。

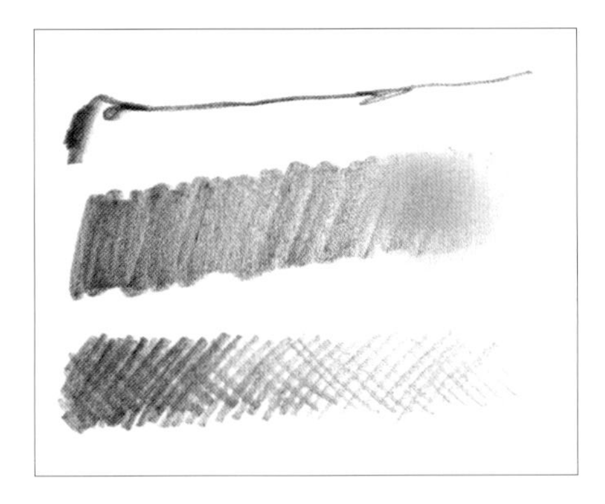

石墨铅笔

石墨铅笔由木头包裹石墨笔芯，它很容易用削笔刀或小刀削尖。它的用途非常广泛，可以快速绘制草图，也可以描绘精致的细节。

无木石墨铅笔

无木石墨铅笔是一根圆柱形的石墨笔芯，外面包裹一层塑料薄层，通常可以用削笔刀或手削尖。它极其适合描绘具有感染力的线条，也适合指定的大面积涂抹。

石墨条或石墨块

石墨条或石墨块是体积稍大的矩形石墨，它适合大面积涂抹或者摩擦出纹理。

石墨铅

石墨铅呈细杆状，外表没有木头包裹，可以将它插入金属或塑料的笔杆里使用。这种铅比较特殊，可以用来绘制极精致的细节和画草图。

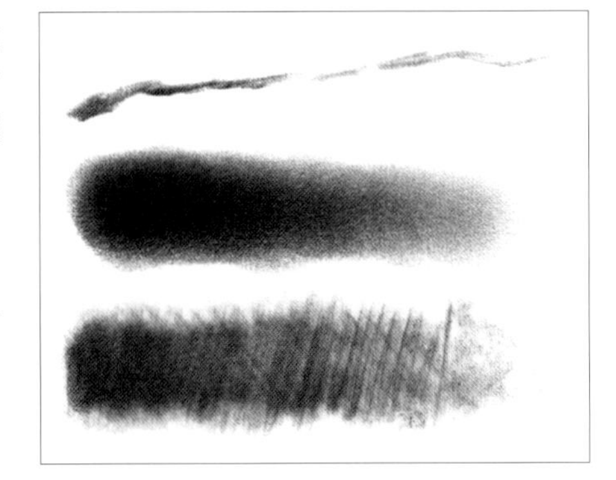

石墨粉

石墨粉通常被装在小罐子里，它可以通过摩擦得到厚实的暗灰色调，也可以用软布或垫子涂抹出微妙的色调。

水溶性石墨铅笔

水溶性石墨铅笔可以用于传统作画，同时也可以用水和软刷制造出灰色的水洗效果。

蜡笔

蜡笔是纯粹的黏合颜料。它具有各种各样的颜色选择，可以用来绘制线条、大面积上色或色彩填充。同时，从细的笔到粗的条，蜡笔的尺寸多种多样。它的品种也具有多样性，精致细腻的蜡笔可以用来绘制人物肖像，但有些粗糙的蜡笔犹如廉价的粉笔一般。可以运用手指、海绵、猪鬃刷或麂皮涂抹蜡笔画。

这只画在黑色纸上的绿色绸缎高跟鞋，运用了阴影的技法。

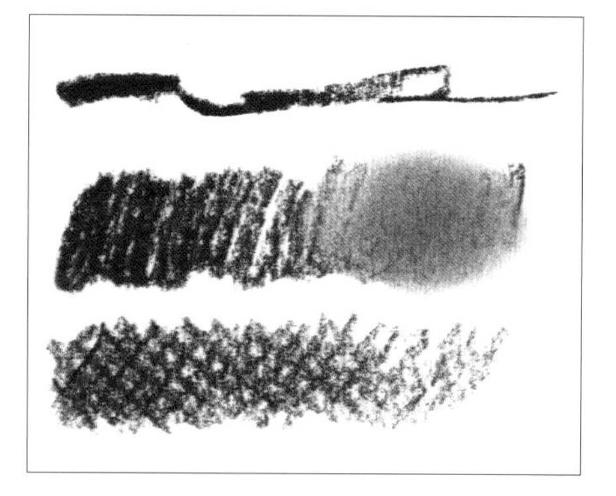

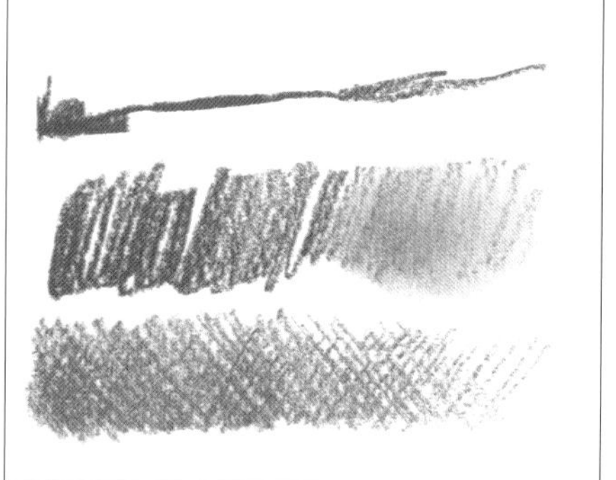

软蜡笔

软蜡笔是最常见的用途广泛的蜡笔。它具有很强的覆盖力和混合能力，能够表达出光影的渐变和色彩的变化。软蜡笔的颗粒很重，较难表现精致的细节。

半硬蜡笔

半硬蜡笔中含有较多的黏合剂，通常经过高温融合。它可以用来绘制线条和描绘细节。有一些牌子的硬度很强，它们可以像水彩一样成为块状颜料，用湿软的刷子来绘画。

油性蜡笔

油性蜡笔中含有某种油性成分，可以防止颗粒的形成。它较难用来绘制细节，但可通过溶剂使其成为更具有艺术性的绘画工具。

彩色铅笔

彩色铅笔是一种相当受欢迎的绘画工具，因为它容易掌握，并且可以很好地与其他绘画工具配合。由于彩色铅笔的质量等级不同，选用专业档次的彩色铅笔绘制专业画作显得尤为重要。彩色铅笔可以层层覆盖，适宜表达线条感强的作品，也可以表现出笔触流畅、浑然一体的风格。

效果图中的厚底鞋是用彩色铅笔绘制的。然后用马克笔让颜色从画纸的背面浸透过来，形成厚重的色彩。

粗芯彩色铅笔

这类彩色铅笔最适合绘制线条和填充颜色。它有众多的颜色可供选择，只要不是过重地按压笔尖在纸上留下印迹，都很容易用橡皮擦掉。

调和彩色铅笔

调和彩色铅笔是一种无色的彩色铅笔。它是一种不含颜料的条状黏合剂，用来调和已涂在纸上的彩色铅笔颜料，让颜色过渡均匀。

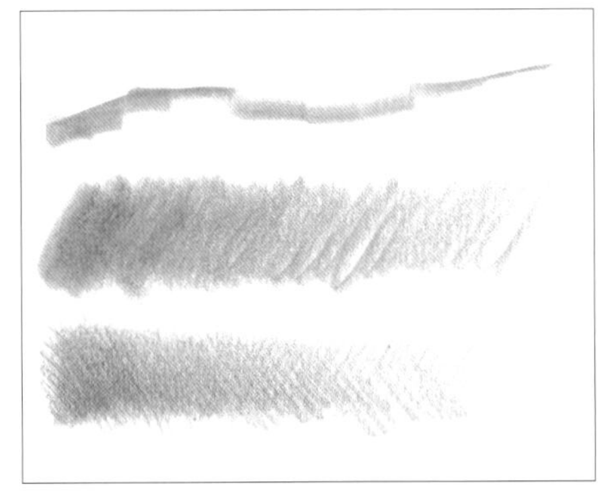

彩铅条

彩铅条其实是裸状彩铅的笔芯。它非常适合于涂抹指定的大面积色调，同时也适合表现大面积的点彩。

中硬度彩铅

这种彩铅不溶于水，笔芯的硬度较强，非常适合绘制细致的线条和细节。它适合用来在半光滑的纸上作画。

基本的湿性工具

湿性工具往往可以取得一些夺目的视觉效果，但是，由于其透明特性，它们也是最难掌握、兼容性最小的绘画工具。因此，要想熟悉它的绘画技巧和不可预测性，往往需要花费更多的时间。如果使用的水彩质量低劣，则绘画的难度就会很大。

水彩

你需要一支上乘的水彩笔和高品质的水彩颜料，并且根据你的绘画习惯选择合适的纸张。水彩笔要有柔软、弹性的特征。运用水彩颜料时可以有控制地层层浸湿画纸，或者用刷子无拘无束地大胆上色。既可以选择吸水性强的纸张，也可以选择吸水性弱的，这取决于纸张的吸水量（详见水彩纸第20页）。在作画前多做几次不同组合的尝试，找到最满意的工具。水彩具有众多形式，每一种都有各自的优点和缺点。

绘制这只鞋子运用的绘画颜料是块状水彩，它被画在一张双层布里斯托卡纸上。

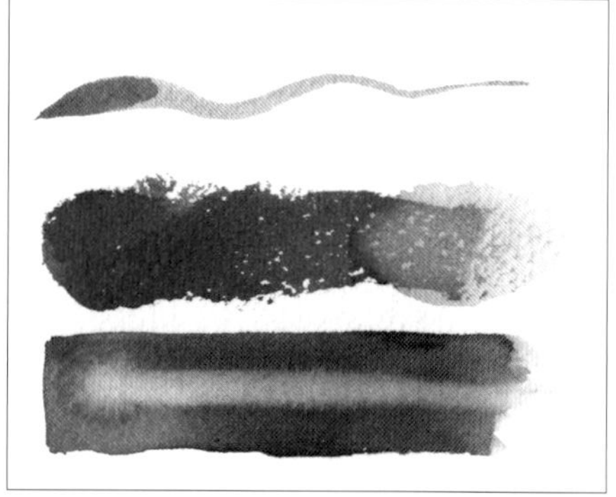

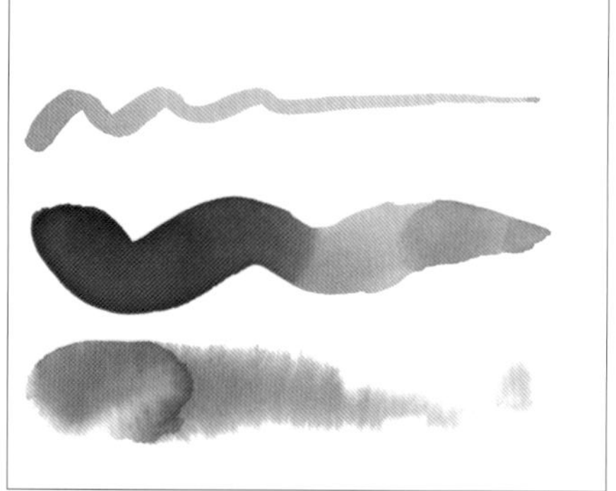

管状水彩

管状水彩颜料呈半液态状。打开即可用，你需要做的就是加入一定量的水，调和成你需要的色彩浓度。这种颜料很难准确地互相融合，因此不容易得到一些特殊的颜色。但是这种颜料最容易取得一致的色彩。

浓缩水彩

浓缩水彩是100%液体状的，或者是由极精细的颜料组成的化学性颜料。这种颜料的亮度通常比管状水彩和块状水彩高，并且通过滴管加水就能轻易溶解。它的持久度不高，如果层层覆盖的话，上下层色彩之间会互相渗透。这种颜料可以直接被装到画笔或者喷枪中使用。如上图的效果图所示，浓缩水彩有时会产生轻微的变色。

块状水彩

块状水彩是最常见的水彩颜料。它其实是将管状水彩颜料干燥后加工成块状。它只要遇水就能恢复原状，并可以与其他颜色进行调和。当然，假若认为调和颜色很重要，还有更加简单易行的方法。用微湿的刷子也可以蘸着块状水彩来绘画。

水彩铅笔

水彩铅笔在过去几年里变成了非常流行的绘画工具，并且铅笔中的颜料质量也得到了极大的改善。它极易掌握，但是它难以达到很深的色彩。而且，在绘画过程中，可能会留下一些无法完全消失的阴影线。最好的解决办法是，用水彩铅笔在另一张充当调色板的纸上涂色，然后再按照块状水彩的用法使用。

水性马克笔

水性马克笔可以在二甲苯或酒精性马克笔的基础上绘制精细的线条和细节，因为它的颜料不会渗出或浸透纸张。同时可以用水和软刷使水性马克笔的颜料溶解，由此达到水彩颜料所产生的那种天马行空的梦幻效果。由于这种颜料干得很快，不容易调和，因此很难达到渐变效果和保持均匀。水性马克笔有许多不同种类的笔尖，包括凿形、尖头或刷子状等笔尖形状。

这一顶大玫瑰帽子的效果图是用水性马克笔绘制的，接着再用柔软的水彩刷晕染线条，形成一种不拘一格的水洗效果。

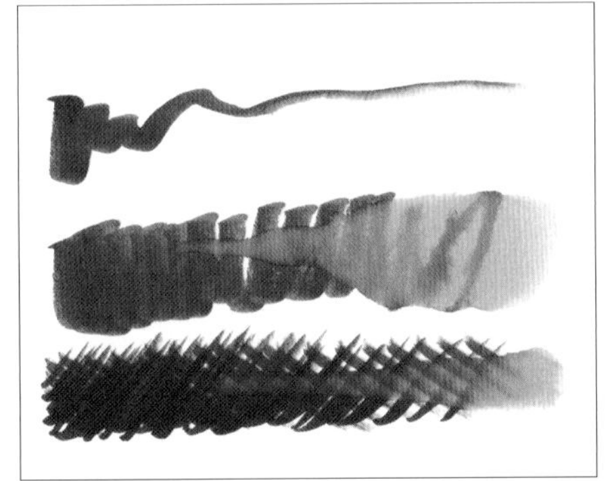

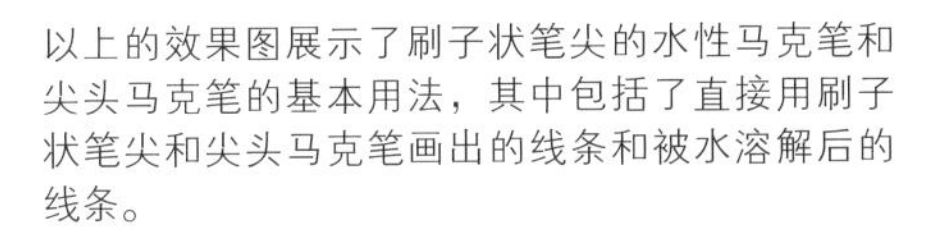

以上的效果图展示了刷子状笔尖的水性马克笔和尖头马克笔的基本用法，其中包括了直接用刷子状笔尖和尖头马克笔画出的线条和被水溶解后的线条。

上图：这幅作品的作者是扬·金（Young Kim），他使用刷子和墨绘制的这幅画，表明了用这些传统的绘画工具也可以勾勒出如此夸张和活泼的人物形态。

右图：这幅画作被绘制在黄色画纸上，作者运用黑色的墨水证明，仅仅用黑色的线条就能达到如此精彩的效果。

墨水

印度墨是一种浓度较大的墨水，许多引人注目而又经典的艺术作品都是通过它完成的。绘画者可以运用画笔尖、书法笔头、刷子或棍状物等工具蘸着使用。它可以通过画交叉阴影线或水洗形式为画面上色或形成一个物件。墨的颜色种类很多，色彩的持久性强，并且无需稀释就可以直接通过喷枪使用。

我们也可以用颜料墨水笔来绘制透明的彩色线条。这种笔非常适合描绘细节和绘制技术制图。

墨水笔

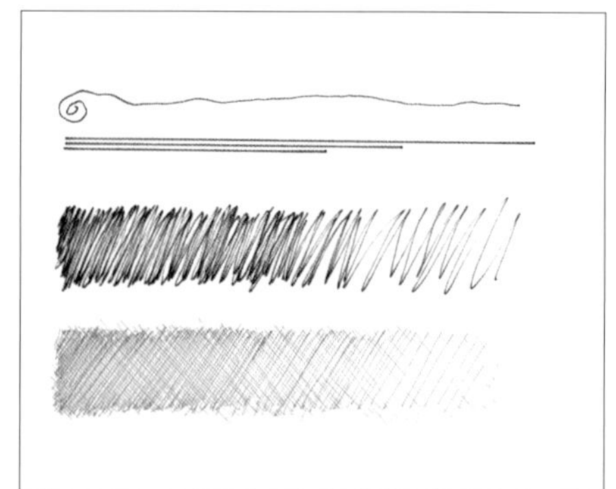

颜料墨水笔

圆珠笔

圆珠笔通常被认为是办公用品，但是在绘画中，它可以创作出许多类型的线条，并且可以描绘出微妙的阴影。

这幅画以圆珠笔为主要工具，外加用炭铅笔和透明马克笔画龙点睛。这幅作品是在热压布里斯托卡纸上完成的。

水粉颜料

水粉颜料

水粉颜料是一种不透明的水性颜料。在服装效果图受人追捧的黄金年代（20世纪40～60年代），这种颜料是最基本的绘制效果图的材料。如今，鉴于其具有无光泽的特性，它依然是某些设计领域和艺术绘画中常用的材料。但是，由于水粉易沾污和易剥落的特点，它已经不再广泛地使用于商业绘画中。水粉颜料非常适合纯色平涂，当用于描绘水洗色调时，看上去会产生一种模仿外表的质感。喷枪和软毛刷子是使用水粉颜料的常用工具。在塑造物体时，可以把稀释的颜料轻轻刷在或涂抹在底色上，然后画出想要的颜色。

这是一个绘于时装画板上的虚构的吸烟者，作者用软刷子描绘其身体，用喷枪绘制心形的烟雾。

这幅曼妙的人物画说明，快速画出的线条不仅可以很好地表达服装的褶裥，还可以留出幻想的空间。

这幅时尚作品的作者是戴安娜·加特勒（Diana Garrett），她运用酒精性马克笔和细线颜料笔，在布里斯托卡纸上完成的。

溶解性马克笔

艺术性马克笔分为两大种类：酒精性马克笔和二甲苯马克笔。这两种马克笔其实并没有本质区别，其不同之处在于，二甲苯马克笔的颜料在画纸上干得比较慢，并且散发出强烈的气味，这也是为什么许多艺术家避之不用的原因。马克笔的颜色种类众多，这是它成为商业艺术的主要绘画工具之一的原因。它在画纸上干燥的速度快，并且携带方便，适合艺术家在家中自由作画。马克笔可以和干性工具一起使用，不同材质的结合可以形成松弛有度的艺术效果。适用马克笔的最佳纸张是马克纸，这种纸可以增强马克笔的透明美感。

这些例子表达了如何用马克笔表现渐变的几种方法。

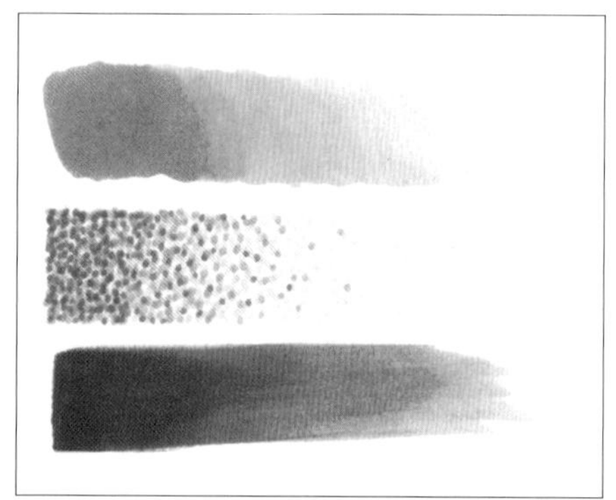

例子中的金色颜料渐变效果是通过用无色的马克笔晕染形成的。下面的点彩技巧使用浅、中、深三种不同的蓝色完成。第三个深橙色的样品条运用了三种不同的马克笔，首先用浅粉色，然后用中度的橙色，最后用葡萄酒色。以上的三种例子都是在微湿的纸上用湿润的笔完成的。

丙烯颜料

丙烯颜料的能力范围比水粉颜料宽广。它的持久力强，水性的颜料性质使它在纸上快速干燥，使画面保持干净整洁。它可以用于平涂、一层层的水洗或厚重的涂色。它可以通过喷枪和尼龙刷子着色。由于丙烯颜料的不透明性，涂错的地方可以很轻松地被覆盖住。

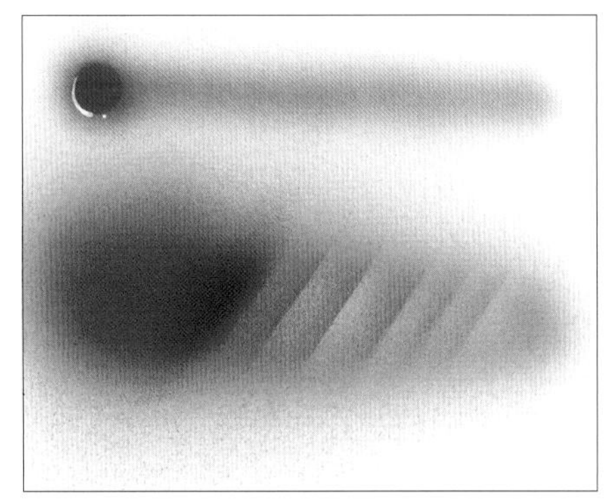

以上的例子表现了传统的丙烯颜料画法和用喷枪着色的效果。

这幅贝蒂·戴维斯（Bette Davis）的名人肖像是使用喷枪绘制的丙烯颜料画，最后用石墨铅笔描绘脸部的五官细节。

纸张

纸张的种类不胜其数。你在作画前需要尝试不同生产厂家和不同种类的纸张，以选出最适合绘画材料和绘画风格的画纸。许多绘画工具都有相应适合其特性的纸张，如蜡笔、炭笔、马克笔和水彩，然而，请不要将选择局限其中，你可以尝试独特创新的搭配。待选购的纸张通常呈单张、一沓或是一卷，同时色彩的选择广泛，从带疵点的白色到纯黑色应有尽有。有一些纸张被称为“档案纸”。这意味着这些纸具有博物馆用于收藏艺术品所要求的质量，不会随着时间的推移而腐坏。这种档案纸非常适合创作需要永久保存的珍贵艺术作品。

纸张的选择有两个最基本的标准：纸张的表面状态和纸张的重量。

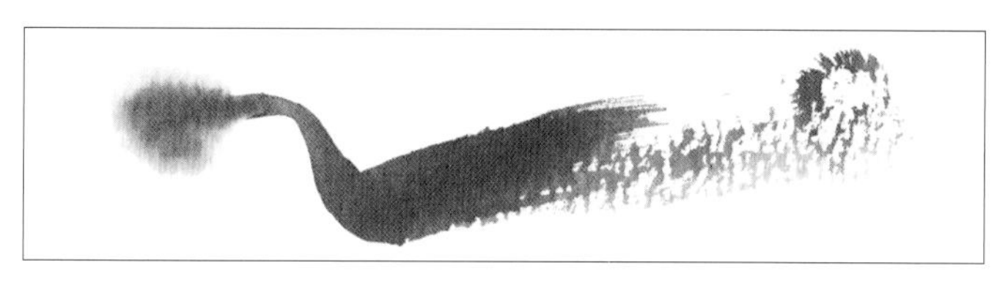

用浓缩水彩颜料着色的水彩纸

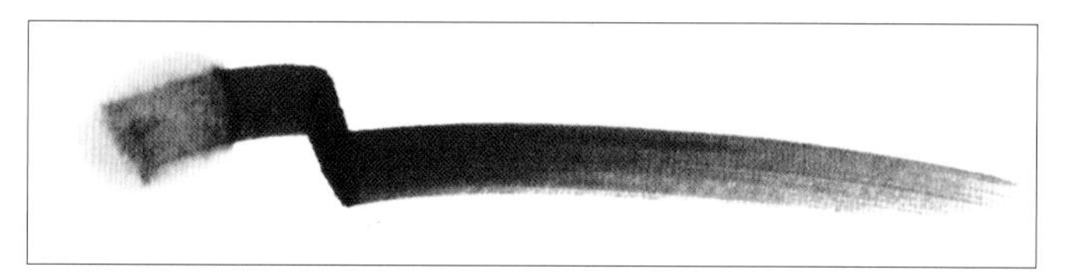

用酒精性马克笔和调和马克笔着色的马克纸

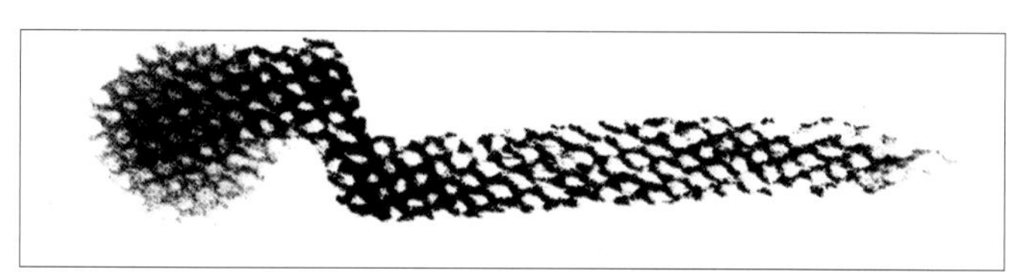

用压缩炭笔着色的粗糙纸

纸张表面状态的定义

上等皮纸或冷压纸的表面有些纹理，又被戏称为“牙齿”。这种纸张非常适合干性工具，如铅笔、炭笔、蜡笔或其他一些绘画工具。

光感纸或热压纸拥有非常光滑的表面，适合墨水、勾线笔和一些要求干净光滑线条的画材。

有一些纸张拥有非常粗糙的表面，例如一些水彩纸的肌理。请你小心使用粗糙的纸张，因为表面的凹凸肌理会形成你无法预料的效果，甚至会改变你所绘制的物品的表面特征。同时，粗糙的纸张表面会使颜料堆积在纸张凹陷的纹理中形成颗粒状，改变你所绘制的配饰的质感。

纸张重量

纸张重量的不同影响了它的强度、透明度和亮度。多尝试不同牌子，找到最符合你需要的纸张。在挑选时请先阅读包装说明，弄清该纸张是适合干性画材还是湿性画材。湿性工具用于薄型的纸张。容易使纸张受潮扭曲。如果你需要使用薄型的纸张作画，可以在作品完成以后将画纸镶嵌在另一张画纸或纸板上，这样既可以保证作品的出彩点一览无余，又不会因为画纸太轻薄而不敢碰触。

水彩纸

水彩纸是专门为含水量大的画作设计的纸张，因此纸的克重大大超过一般的画纸。它含有浆料，决定了纸张吸水和拒水的效果。它以一张、一沓、一卷或框图形式售卖。框图是指一种在售卖时就已经被绷紧的画纸，这种纸的四边用橡胶板或塑料板密封在托板上。绷紧画纸是很重要的步骤，这样可以防止作画时因为水量过大导致画纸产生扭曲。如果你要使用低于300gsm(140lb)克重的纸张的话，你需要在作画前绷紧纸张。

拷贝纸或羊皮纸

拷贝纸又被称为“洋葱皮”，以一沓或一卷售卖。拷贝纸呈半透明状，拥有许多不同的表面纹理，主要用来绘制草图、拷贝和构思蓝图。由于拷贝纸独特的特性，可以运用不同种类的绘画工具，有一些艺术家也会用拷贝纸完成画作。

速写纸、素描纸和高级书写纸

这些纸适用于最基本的绘画。大多数的速写本都会采用这种类型的纸张，同时它在纸张尺寸、克重、纹理和颜色上有多种选择。

马克纸

马克纸有很多不同的种类。一些马克纸含有许多浆料，所以具有光滑的表面，可以让马克笔颜料浮在纸的表层。本书中的大部分作品都绘制在100%纯棉质的比恩方（Bienfang）360绘图马克纸上。运用这种纸张时，可以在纸的反面上色，因为纸的反面不含大量胶料，可以更好地帮助纸张吸收颜料，得到柔顺均衡的色彩。其他的纸张也具有此特性，因此创作者需要不断地试验，找到最适合自己需求的纸张。

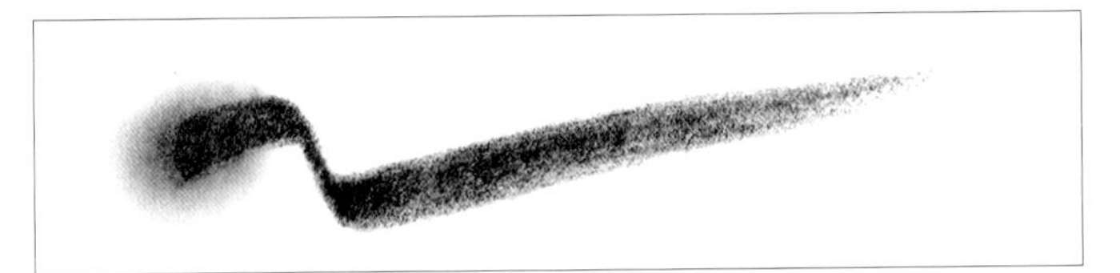

用石墨条着色的拷贝纸

用彩色粉笔着色的素描纸

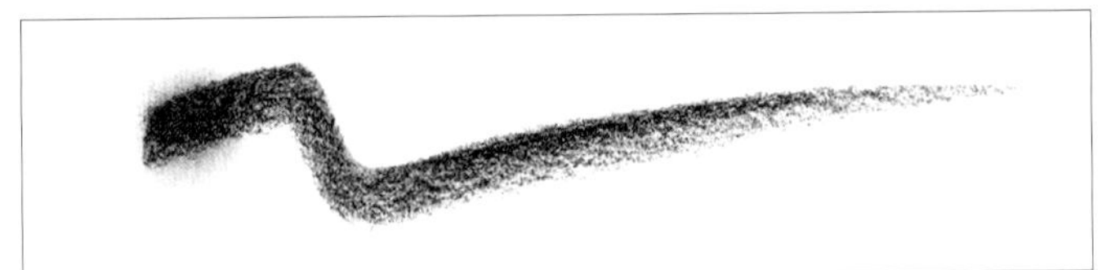

用彩色铅笔着色的布里斯托卡纸

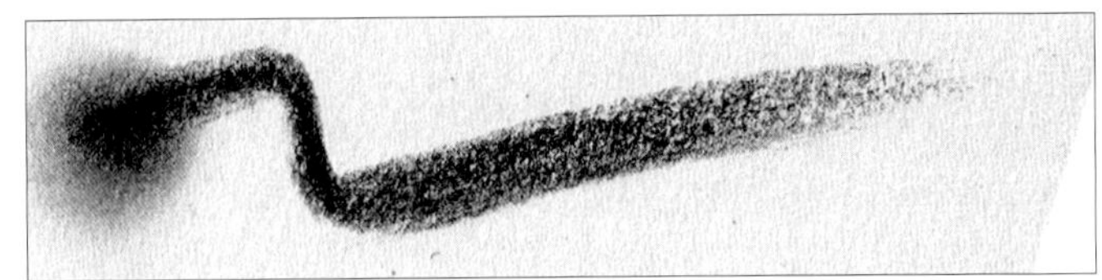

用炭笔着色的新闻纸

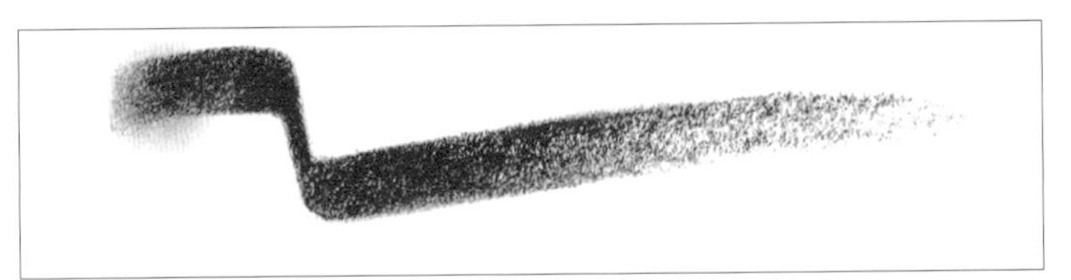

用彩色铅条着色的热压纸

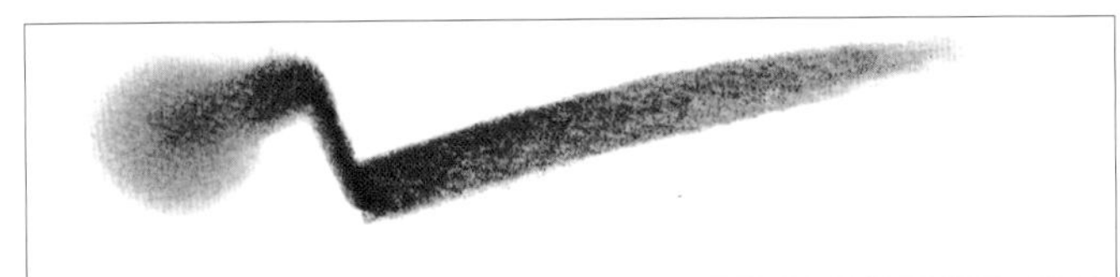

用蜡笔着色的牛皮纸

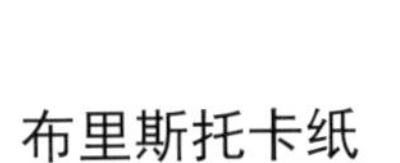

布里斯托卡纸

布里斯托卡纸是一种厚实的纸张，通常有 2 ~ 4 层的厚度。它包含牛皮纸类型和光滑的类型，并且由于其厚重结实的特性，它同时适用于干性工具和湿性工具。而且，出于陈列和展示的目的，可以将画在轻薄纸张上的画作装裱在布里斯托卡纸上。

新闻纸

由于新闻纸是由回收材料制成的，因此是最经济实用的纸张。它并不能长期保存，而且经过几个月的存放就会变色发黄。因此新闻纸并不适合专业画作的长期收藏。

醋酸纸或透明胶片

醋酸纸或透明胶片是一种全透明的、呈张或卷状的纤维素类纸张，可以用来保护艺术品，或者用来制作使用喷枪时的模板或遮盖膜，也可以用于覆盖在已完成的画作上。有的胶片上有磨砂层，墨水、颜料和马克笔都可以均匀地在上面着色。这种类型纸的克重不同，轻薄的只有0.001克，而厚重的达0.02克。

封面纸或卡片纸

封面纸或卡片纸是一种较厚重的纸张（克重通常大于200gsm/80lb），这种纸的可选颜色很多，并且同时适用于干性工具和湿性工具。

装饰纸

装饰纸通常都是手工制造的，它是一种独具特性的纸张，比如纸上有独特的印花，或纸张中含有纤维，或纸张有独特的纹理。它甚至可以含有全天然的有机物，如花瓣和树叶。

泡沫板

泡沫板是一种聚苯乙烯（厚度约3 ~ 13毫米或0.125 ~ 0.5英寸）在正反面装裱画纸的材料。泡沫板以展示画作为主要用途。

广告板纸

广告板纸是一种较廉价的用于安装画作的厚重纸张。

摹写纸

摹写纸的颜色种类繁多，当纸张太厚不易摹写时，可以用这种纸张将初稿摹写到正稿纸上。

工具

本书中所介绍的绘画技巧，是通过使用许多工具才能画出来。

刷子

在选择刷子时，需要结合你将要用到的画材和作品的尺寸。作者在本书中使用了一种圆形套圈尖头毛刷来描绘细节和强调精彩部分。用来描绘细节的笔的尺寸通常是1号或0号，甚至更小。用于水彩绘画的圆形套圈尖头毛刷的尺寸通常在6～10号之间。选择一支你认为舒适的笔十分重要，但是也要注意，笔的尺寸越小就意味着你需要画的笔画就越多，因此在水彩画中，太小的笔会导致工作量变大。

自动铅笔

自动铅笔是一种中空的、可更换铅芯的工具，它允许使用者选择并迅速更换不同硬度的铅芯。

画笔和勾线笔

画笔的笔尖大小不等、形状各异。有细笔尖笔、凿形笔尖笔、宽笔头笔和毛笔等不同种类。

麂皮

麂皮是一种轻软柔韧的动物皮，非常适合在画面上调和、晕染颜色和大面积涂抹颜色。

橡皮檫

橡皮檫的可选择范围很广。柔软的橡皮檫可以在无需擦掉整片颜色和线条的情况下，吸收色彩或调整画面。电动橡皮擦也是一种值得投资的工具，它可以轻易地擦掉大面积的色彩和线条。但是在使用前请注意，用橡皮檫过度擦拭会毁坏纸的表层。

擦笔

擦笔是一种软纸工具，它呈螺旋状，可以用来调和炭笔、石墨和蜡笔的色调。擦笔有不同的硬度和尺寸，可以用艺术刀削尖。

法式曲尺

法式曲尺的形状和尺寸很多。用法式曲尺可以绘制出结实圆润的曲线。

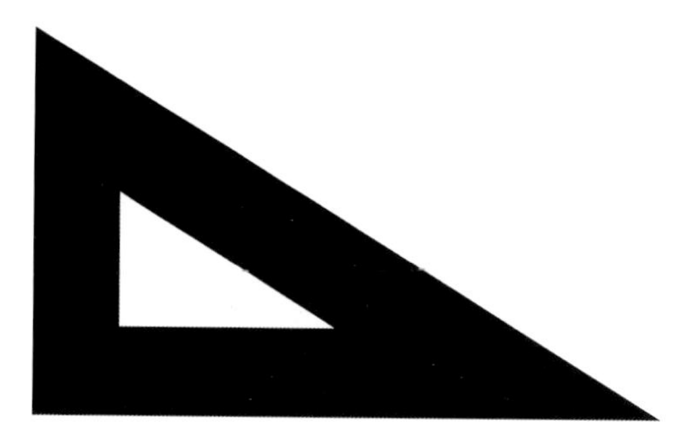

三角尺

三角尺是带有角度的、边缘呈直线的工具，它的角度有两种标准：一种是45°/90°，另一种是30°/60°/90°。

圆形模板和椭圆形尺

圆形模板和椭圆形尺是薄型的塑料模板，用来画形状精准、线条干净的圆形和椭圆形。

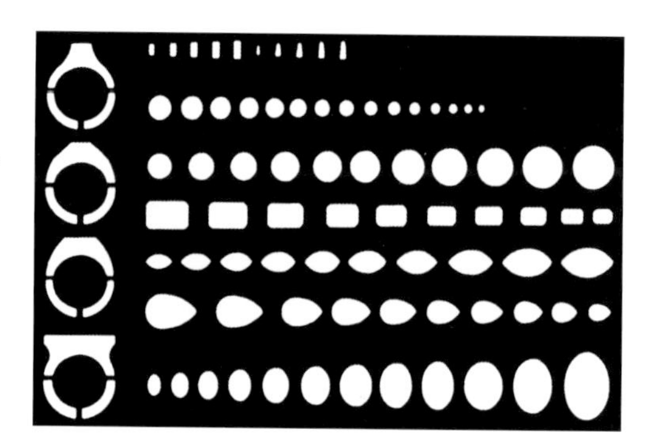

宝石模板

在使用模板前可以先画一条中心线，确定模板在画纸上的位置。然后用一支中号的黑色笔画出宝石的外轮廓线。最后用一只较细的笔绘制宝石内部的平面，将线条集中朝向中心线。

高光颜料

白色可以被用作高光色。它能够产生强烈的对比，因此适合用在大部分的商业作品中。白色的水粉、专业的白漆和马丁牌（Dr.Ph.Martin）的防渗透白颜料都可以作为不透明的高光色。这些颜料都是可以被稀释的水性颜料。马丁牌的颜料具有很强的实用性，因为它的防渗透特性可以防止底层的颜色渗透上来。

喷胶

喷胶是一种喷雾状的胶水，可以将画作平整地装裱在展示用的纸板上，使其不容易起皱。

定画液

定画液被用来喷在已经完成的画作上，起到保护的作用。它并不会完全密封纸上所有的肌理，因此在使用定画液以后也可以重新调整画面。

灯箱

灯箱是一种光源从下朝上照射的工作台，方便你将作品拷贝到较厚的纸张上。

软件

现今的电脑可以使用大量容易操作的软件程序，软件程序的多样性使得电脑成为艺术家最常用的工具之一。尽管本书讨论的内容主要涉及手工绘画技巧，但是你会发现，相当多的电脑应用程序被用来微调或者增强手工绘图的效果。这个教程是对一些在图片编辑软件中常用术语的非常基本的解释。科技日新月异不断变化，所以读者要设法找到最适合自己的方法，能够将软件和应用程度紧密结合在一起，使得自己的作品更具特色和个性。

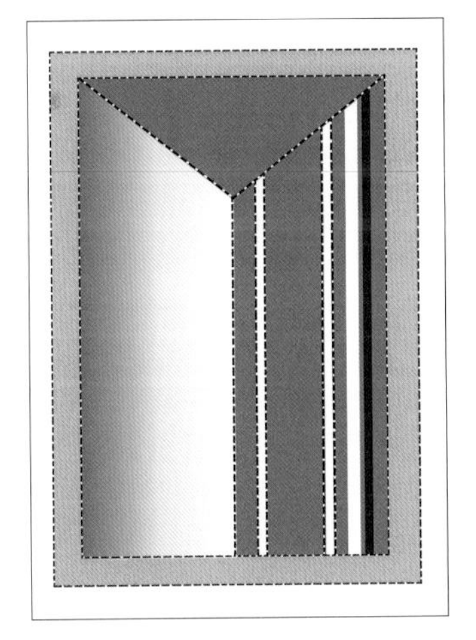

形状与对象

在图片编辑软件中，可以使用蒙板工具来形成基本形状（用虚线表示），然后把这些形状变成“对象”。一旦对象被圈住，可以用填充工具来填色。你可以用实体颜色、多种层次或者纹理来填充。颜色的层次用“梯阶”来表示。梯阶的数字越小，在画面中能被看到的线就越多；反之，梯阶的数字越大，层次看上去就会显得越流畅顺滑。对于可打印的图像，分辨率设定通常设置为300dpi。

图层

你可以根据需要重叠或者分出多层形状和对象。你还可以将某些形状设置在其他形状的前面或者后面。这可以使整个界面显得整洁。在这张图中，形成强烈对比的浅深两种色调被用来勾勒出宝石的反射面，同时加上更小的面来增强水晶的棱柱质感。

透明度、复制与粘贴

你可以使用透明度来调节白色表面反射度至50%或70%。这样的处理可以使宝石显得玲珑剔透、熠熠生辉。使用“复制”和“粘贴”来完成重复的样式。对于金色边框饰钉，可以先完成一个，然后使用“复制”和“粘贴”分别生成水平和竖直的两排饰钉，完成之后再复制、粘贴到另一侧对应位置。

其他效果

把刷子工具设置到“喷雾”状态，在一些白色高光的部分喷上白色的光泽。你还可以增加一两个星形光芒来增强闪光的效果。前面的反光面是一个实心的白色形状，随着透明度的变化，它会看起来犹如你的视线可以直接射入宝石的内部一般。

第二章
鞋子

有人说，也许服装配饰中最精彩的部分是由鞋匠呈现的。鞋子的设计和制作可以追溯到人类最早对脚的描述，但是近几十年来，人们对鞋类的理论研究和对鞋子形状的雕琢已经远远超越了鞋子本身的实用性。鞋子在保证平稳舒适的实用性的同时，也传达了艺术品般的美感。本章目的是让读者从艺术的角度欣赏足部与鞋子结合后的美感，并且通过向读者介绍效果图表现技艺，使读者可以在绘画时融入个人的见解。

鞋子的效果图虽然有一定难度，但是又非常具有实用性。通过设计师为销售人员和客户绘制的草图、平面图和效果图，一双普通实用的女士浅口鞋的品位会大大提升，透出强烈的吸引力。本章将为你介绍基本的鞋类效果图的绘画技法，将你引领到制鞋工业的广阔领域，在让你深入了解商业需求的同时，使你的绘画技法达到一定高度。

在实际绘画中你可能会遇到一些问题，在本章中将会帮你一一解析。虽然练习的结果不会与原作一模一样，但是这些画作展现的技法原理可以引导你形成属于自己满意的风格。后面术语表中包含的一些鞋类词汇可以帮助你更专业地陈述作品，并且，本章为各种鞋子的轮廓创建了一个较为完善的视觉图书馆。

鞋子绘画
简介

无论你是为生产商还是零售商绘制鞋子的效果图，需要捕捉到鞋子设计的独特性并将它加以升华。同时，将鞋子的视觉感受做些微调，可以更好地表现鞋子的舒适性和时尚性。

鞋子并不是平的，这是对鞋子认知的第一步。鞋子从脚趾到脚跟整个包裹着足部，并且足掌的高度比脚尖的高度略有抬升。绘画鞋子最常见的三个错误分别是：透视错误；中心线偏离；鞋跟的形状和透视错误。本书首先会逐步矫正这些基本错误，再向你展现如何渲染鞋子夺目的肌理和效果。

鞋尖和鞋跟的形状是鞋子的两大特点，它们展现了鞋子的独特设计，因此需要被重点强调。这些特点可以通过三种角度的典型绘画来展现：正侧面的视角；俯视鞋尖的视角（见第29页）；四分之三的视角（见第28页）。四分之三角度能够清楚地展示鞋尖，并且适当地展现鞋跟的独特设计。从足部的外侧来绘画鞋子非常重要，因为鞋子的外侧可以更好地表现设计元素。相较之下，鞋子内侧的足弓包裹住鞋子，在画面上会使鞋子看起来扭曲，不具备舒适感。在你描绘一双鞋子时，需要想象足部能够舒适地穿在其中，并且表现出纹理和结构的全新感（不要看上去像以前穿过似的）。

选择某种效果图的表现技法就要考虑效果图的用途。如果该效果图被用作生产目的——用来生产或制板，这样的效果图需要比例精准写实。如果效果图被用作商业和出版，那么成功地引起消费者的购买欲就是它的目的。如果你是一名设计师，你需要通过画作让人第一眼就了解你的设计构思。如果画作太具创意，产生的疑问超过其答案，那么你需要选择更谨慎的作画风格。

这些黑色的高跟鞋是用厚重的黑色炭笔描绘的，
画面清晰地表达了不同高度的鞋后跟。

四分之三视角

四分之三视角是最受欢迎、最多人使用的绘画鞋子的视角。这种稍微俯视的视角使得鞋跟和鞋尖的形状细节能同时显现出来。大多数的鞋子设计师都选择从这个角度作画。这一只维维安·韦斯特伍德（Vivienne Westwood）的格子花纹鞋是用液体水彩描绘的。绘画格子是最后一个步骤，用一支小号的刷子和被稀释的颜料层叠涂色，形成深色的格子。

侧视和俯视的视角

另一种常见的鞋子效果图的绘制方法是画出鞋子的侧面，同时画出俯视的鞋尖细节。用这种视角作画非常实用，在表达一些需要被强调的设计独特的鞋跟的同时，还可以表现出鞋尖的形状和一些特殊的顶部装饰。这种视角也非常适合不对称设计的鞋子。如果鞋子的亮点基本是在鞋尖部分，则没有必要将整个鞋子画出。以下的效果图是用石墨铅笔描绘的，再用黑色的勾线笔绘制鞋身部分，使它们与鞋子的表面分开。背景的线条是在完成鞋子以后添加的，给画面一种收放自如的感觉。并且你可以看到，背景的线条在使画面生动的同时，又不会太过夺目以致喧宾夺主。

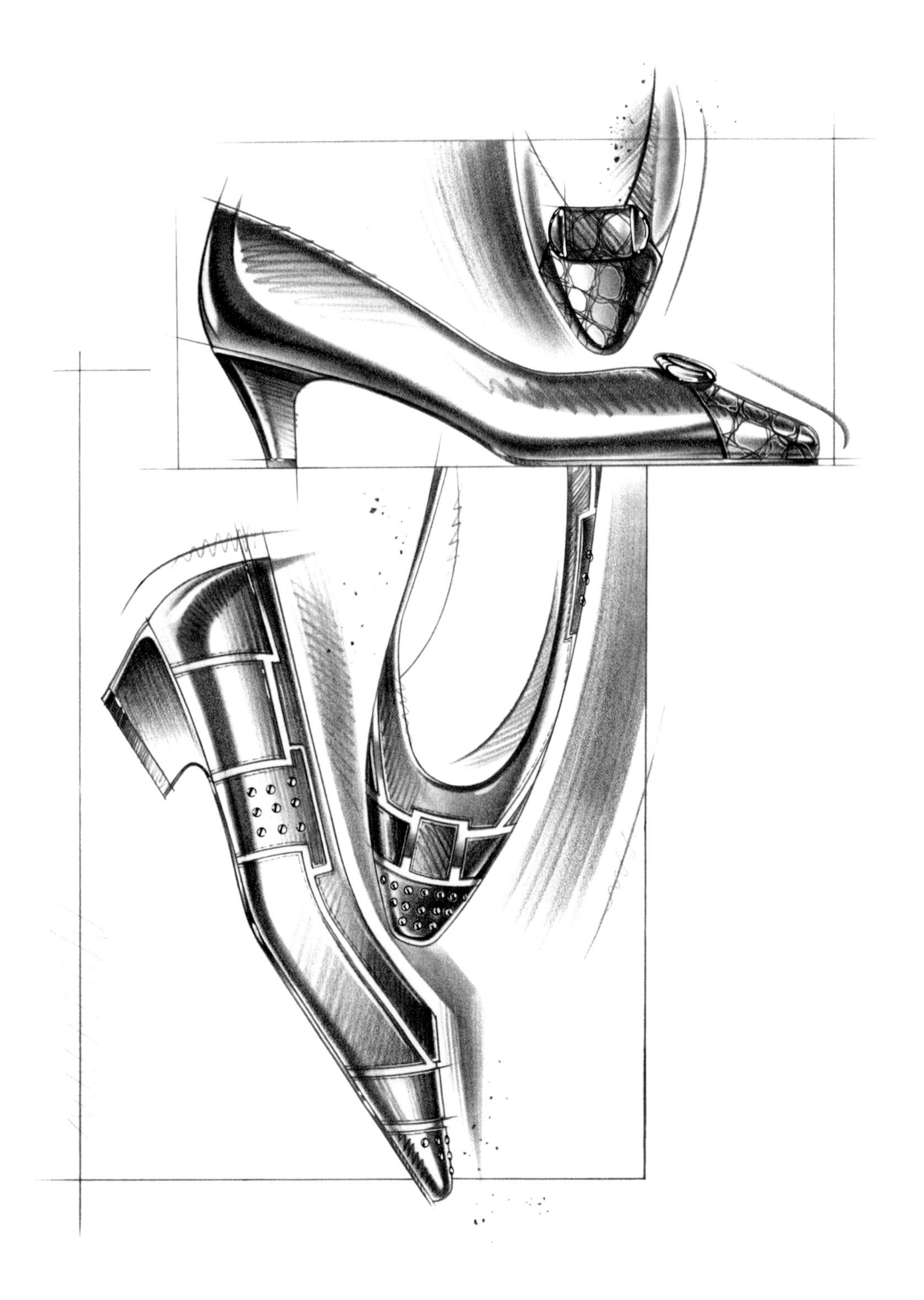

四分之三视角的画法

这个演示一步一步地阐述了如何描绘一只四分之三视角的简约风格鞋子的过程。这幅效果图可以展示给生产制造商，或者用于零售、广告的场合。

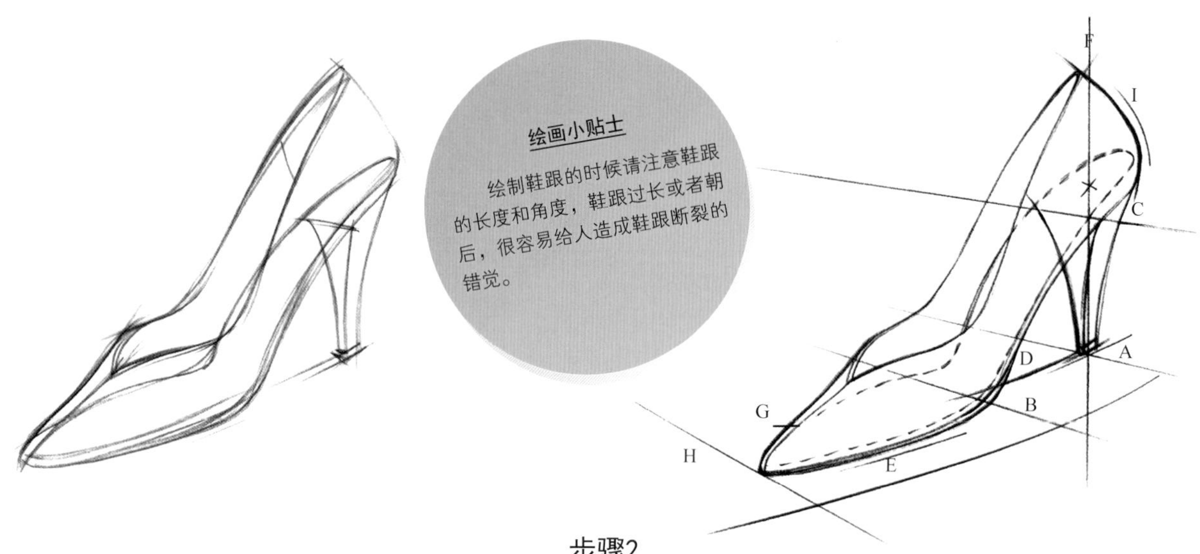

步骤1

首先在拷贝纸上画出简单的草稿。你可以用一双鞋作为参照。将鞋子放在略低的位置，让你可以清楚地看见鞋尖、鞋跟和鞋的外侧。如果鞋跟的高度较高，你也许可以看见一些鞋底内侧或鞋面内侧的部分。

步骤2

将初稿放在另一张拷贝纸的下面，并根据初稿的线条拷贝出正稿。鞋跟内侧的角度（A）与脚掌后侧线的角度（B）是平行的。穿过脚跟的透视线（C）也应当与之平行。鞋跟的中心线比鞋底的中心线要略高一些，这样能够显示出鞋跟是略高于鞋底的（D）。鞋跟的外侧线与鞋身的外侧线在同一条线上（E）。鞋跟的中心线与足跟垂直（F）。请注意鞋尖的中心线（G）和鞋尖的横向透视线（H）。鞋后跟包裹住脚后跟（I）。

步骤3

请将底稿放置在一张半透明带有标记的纸张下面，并且用彩色铅笔描绘鞋子的轮廓线。鞋子上不同的颜色（鞋底、鞋面、鞋跟）需要用不同颜色的彩铅来表现，并且注意根据透视线描绘。你可以借助法式曲尺得到干净流畅的线条。

步骤4

现在开始绘制鞋子的明暗关系。如果可能，你可以使用灯光照亮鞋子。由于鞋子是用来包裹足部的，所以所有的鞋子都有着基本相似的明暗关系。请将这一点铭记于心——你并不需要将整只鞋都填上色彩，只需要画出鞋子暗面的色彩即可。并且请你确认，绘制阴影所用的彩铅颜色要比将要用到的马克笔的颜色深，否则马克笔很容易将阴影处的色调掩盖。

制作设计模板

你可以用一双鞋作为绘画时的参照物。在设计一双鞋子的时候，尽可能地找到一双跟你设计的鞋子轮廓相近的鞋，并根据这双鞋来进行绘图。事实上，创造一套鞋子轮廓的设计模板更方便有效。这套模板可以从绘画的一开始就保证合理的透视和比例的准确性。

材料：

拷贝纸，

比恩方360绘图马克纸或100%布料纸，

彩色铅笔，

酒精性或二甲苯马克笔，

白漆或白色水粉。

步骤5

调合铅笔可以使色彩变得更丰富厚重，同时也可以混合和模糊彩铅留下的印迹。它可以使铅笔的颜色变得更深，并且让色彩从暗面到亮面平稳过渡。用于绘制鞋子内侧的色彩很少，因为鞋子的外侧才是吸引人们视线的重点。如果过度强调鞋子的内侧，会造成鞋子轮廓扭曲和变宽的视觉效果。

步骤6

使用马克笔时，请翻过纸张，从鞋的末端开始画。请不要用马克笔勾勒整只鞋子的轮廓，否则会留下一圈很深的轮廓线。从鞋的末端开始，马克笔慢慢的向鞋的另一头移动。这样会使颜料慢慢地浸透纸张。你可以画弧线或来回画直线，并确保每一笔之间相互重叠并浸透纸张，尽量避免错误的笔触和污渍。

步骤7

使用完马克笔以后，请把纸张翻回原位并开始描绘鞋子的固有色。接着加入高光区和反光区。在鞋的后跟处加入橙色作为反光区，可以增加生动趣味性。高光区可以用白色的彩铅绘制，白色的彩铅可以形成柔和的亮光，非常适合皮革的质感。

步骤8

接着，你可以使用白漆或者白色水粉制造出犀利的高光效果。同时，这也是一个加入对缝线迹和花纹的好时候，因为马克笔的颜料已经深深渗透到纸张里，阴影处的颜料这时已经非常牢固了。你也可以用白漆来修补渗漏出的马克笔颜料，或者修改不工整的透视线。

侧面视角的画法

在绘画侧面视角的硬底鞋时，请将鞋尖处的鞋底平贴地面。不要像绘画大多数鞋子时那样将鞋底的前端微微抬起。让鞋底平贴地面能够展示出我们想象中鞋穿在脚上的样子。但是，运动鞋、厚底靴和厚鞋底鞋不在此范围内，如果鞋头没有略微翘起的话，这些类型的鞋子会看上去很别扭（见第36页、第38～40页）。以下展示的是一幅严谨的作品，可以用做商业用途或展示场合。

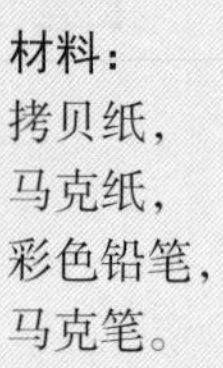

材料：
拷贝纸，
马克纸，
彩色铅笔，
马克笔。

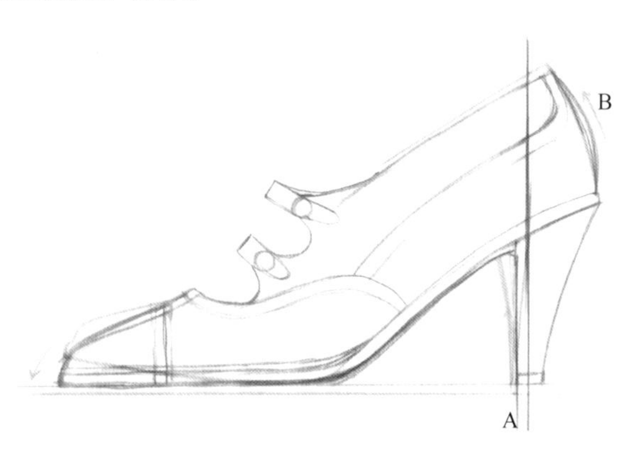

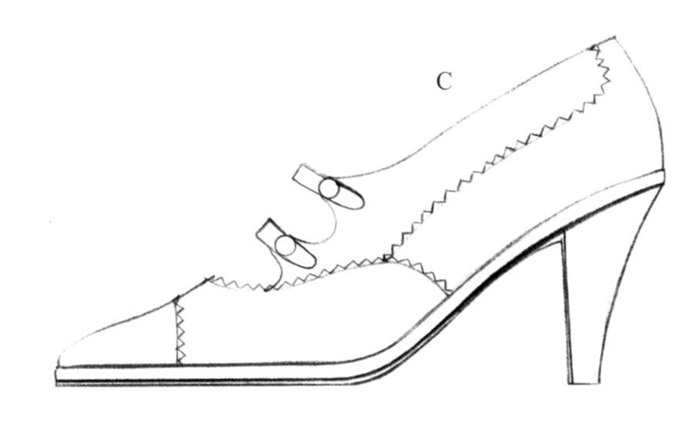

步骤1

在开始将鞋子的轮廓绘制在拷贝纸上时，请注意让鞋头的底部平贴地面。绘画时随时对鞋子的角度作出调整，在绘制鞋尖时，让鞋尖正对视线前方，而绘制鞋跟时，略微调整角度，使鞋跟正对视线前方。注意不要让这两个重要的设计元素扭曲失真。同时请确认鞋跟内侧线至鞋底的角度是否正确（A）。并且让包裹足跟的鞋后跟部分的弧线显得轻柔舒适（B）。

步骤2

在另一张拷贝纸上重新勾勒正确的线条之后，将它放在一张马克纸的下面，用一只比你将要用到的马克笔颜色更深的铅笔勾勒鞋子的轮廓线。如果你觉得绘制平滑的曲线有难度，可以借助法式曲尺的帮助。请注意你无需画出鞋口的内侧（C）（从这个视角是无法看到高跟鞋的内侧，否则会使鞋子的样子看起来扭曲）。

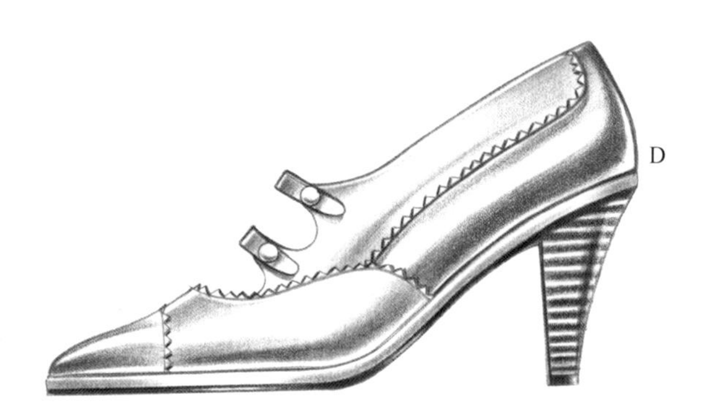

步骤3

用一只深于鞋子颜色的彩色铅笔画出鞋子的暗面。在深色的阴影下留出一道亮色的反光，可以将鞋面和鞋底明确区分出来（D）。

步骤4

用马克笔在纸的反面上色之后，将纸翻到正面，描绘纹理和图案。在本幅作品中，蛇皮和锯齿状的图案都是用硬度超过HB的石墨铅笔绘制的。这样的铅笔可控度强，并且笔尖坚硬精致。你可以看到从鞋的一侧由下往上照射的蓝色反光。同时，使用马克笔留下的空白部分被作为高光部分，并用白色的彩铅在蛇皮的部分提亮高光，最后用白漆加重白色。

俯视视角的画法

在绘制鞋子的俯视视角时，由于鞋子从足弓开始向上提升，所以你需要略微增加足弓至鞋跟的长度，这样可以形成近大远小的透视效果。鞋跟越高，需要加入的长度就越长。通常情况下，在绘制鞋尖细节的时候，你没有必要将整只鞋画出来（见第29页），但是如果有需要的话，请注意将后跟的曲线绘制得优雅舒适。

材料：
拷贝纸，
马克纸，
彩色铅笔，
马克笔。

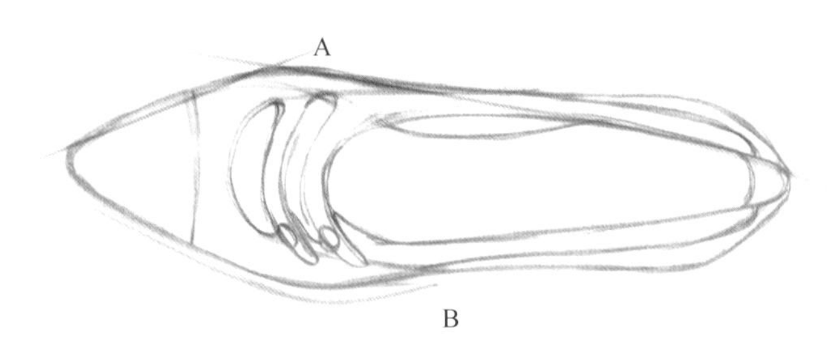

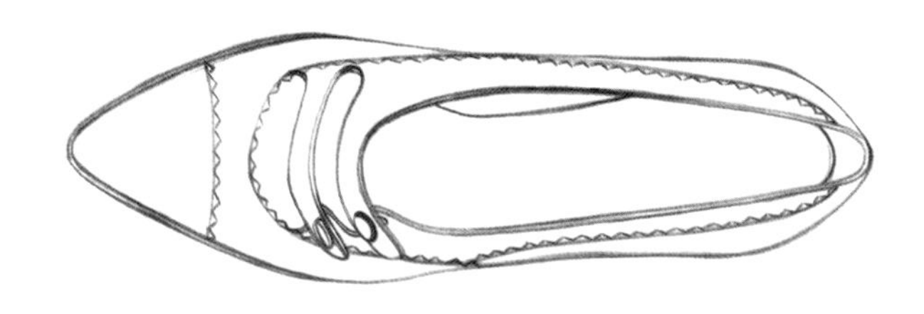

步骤1

首先在一张拷贝纸上画出鞋子俯视视角的草图。鞋的内侧由于是足弓结构，产生的曲线弧度较大(A)，相比之下鞋子外侧的弧度要平滑得多（B）。鞋内侧的骨点凸起比外侧的凸起要稍低一些。

步骤2

在确定底稿的线条之后，将拷贝纸放置在一张马克纸下面，用一只颜色深于鞋子固有色的彩色铅笔描绘鞋子的外轮廓线。请记住大多数的鞋子都是对称的，所以应该保持透视线呈直线。

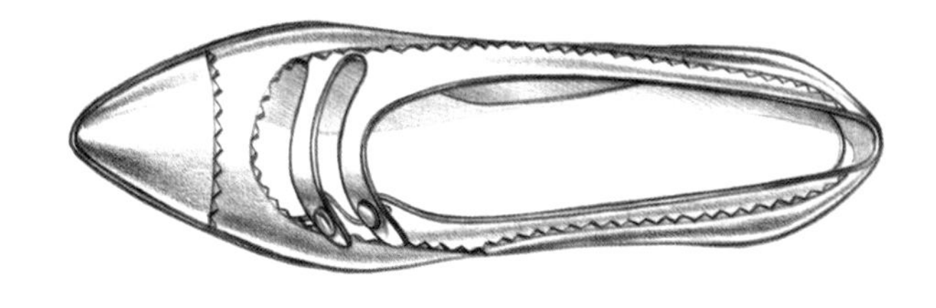

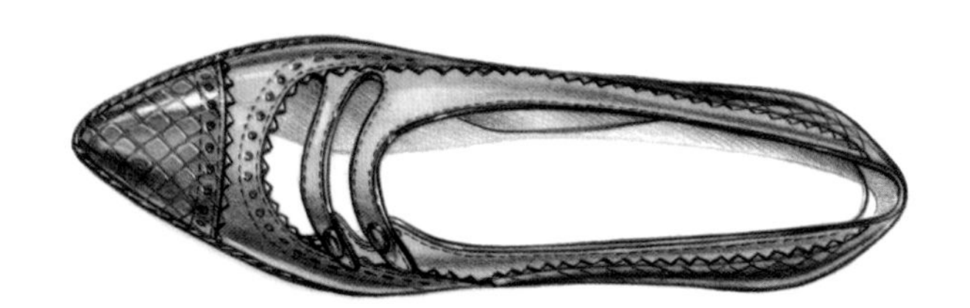

步骤3

接着开始绘画阴影部分的色彩。用单一光源照亮鞋子。注意如何依照鞋子的侧面结构处理亮面与暗面的图案。这样很容易让人看懂你所画的鞋子，觉得这样的结构是合理的。鞋子的表面越光亮，就意味着明暗关系越强烈。鞋底内里的颜色不能重过鞋面的色彩，否则会喧宾夺主，夺走了人们对鞋子轮廓的注意力。

步骤4

用和鞋子本色相同的马克笔在纸的反面上色，然后在正面绘制设计细节（蛇皮和高光）。在这幅效果图中，鞋尖部分的高光区域是用马克笔上色时预留下来的。

这幅绘制在马克纸上的马靴运用的是炭笔，再用40%冷灰色马克笔在纸的反面上色。白色高光的部分使用的是白色彩色铅笔。

这只雷蒙德·塞尔纳（Raymond Serna）的蕾丝靴子是使用黑色墨水和灰色马克笔完成。将黑色的蕾丝复印在一张马克纸上，再用马克笔涂上绿色，然后从纸的反面拼贴入画面中。

高筒靴的画法

在绘画如马靴或齐膝靴之类的高筒靴时，有一些必须要遵循的透视原则。下面列出的绘画实例可以详细说明如何获取恰当的透视效果。这幅作品画风严谨，运用的工具是4B和6B的石墨铅笔。

步骤1

首先，绘制初稿草图。由于靴口高于视平线，靴口的弧线呈现出略微的拱形（请参照绿色弧线）。如果你采用平视的角度绘画靴子的底部，那么你也应当用平视的角度绘画靴口，让靴口的弧度不要过大。让鞋尖自然地跟地面齐平（请参照绿线）。并在这一步骤中找出阴影的位置。

步骤2

用一支4B的石墨铅笔，使用清晰、肯定的线条画出高筒靴的外轮廓。再用一支6B或更软的石墨铅笔，描绘阴影部分，并注意观察柔软多褶的皮革是如何形成靴子的形状。可以用指尖轻揉，使画面上坚硬的线条变柔和。

步骤3

在这一步骤中需要加强深浅颜色的对比，用混合擦笔或画笔擦拭出大部分肌理。这幅作品不需要用马克笔在纸的反面渲染颜色，因此纸的自然白色就成了靴子的高光。将阴影处的颜色加深，并用橡皮提亮高光。再用一支40%冷灰度的二甲苯马克笔加深颜色，形成更明显的明暗对比。接着用白色的彩色铅笔提亮高光部分，最后用细毛刷和白漆雕琢细节。

工作鞋或登山鞋的画法

在绘画如工作鞋、登山鞋或厚底鞋等所有的厚底鞋时，将鞋尖的翘度画出来是非常重要的。下面的灵活放松的绘画例子展示了如何达到四分之三视角的正确透视。这种画风适合用于出版效果图或者用于流行趋势预测中。

这幅画中的马丁靴（Dr.Martens）是使用4B和6B的石墨铅笔绘制。

步骤1

首先画出鞋子的底稿。请注意画出鞋尖轻微上扬的翘度。并且注意观察鞋带的透视。理清鞋带之间互相穿插的关系，并且注意鞋眼的数目是对称的。同时，正确地画出鞋底锯齿的尺寸和数量，以保证正确的设计比例。

步骤2

将初稿放置在绘画正稿的纸张下面。用一支竹棍或者被削尖的冰棒棍画出鞋子的轮廓线。你不需要太过于注重线条的精准性。因为这种风格的绘画需要一些有瑕疵的线条，以增强画面的随意性。多种线条的混合——湿润的、粗体的、干燥的和潦草的——会呈现一幅更有趣的作品。

步骤3

用浓缩水彩颜料上色，因为这种水彩颜色亮丽、透明，并且不会在画面上留下颜料沉积物。增加笔中的含水量，并在绘画时转动纸张，使颜料在画纸上形成流淌效果。先用浅色的颜料上色，再用深色的颜料加深阴影的颜色，甚至可以让两种湿润的颜料直接在纸上混合。

凉鞋的画法

在绘画任何凉鞋时，你都可以将凉鞋想象成有脚穿在其中的样子。请注意凉鞋的带子是对称并连接至鞋底的。下面这一幅吉米·周（Jimmy Choo）的漆皮凉鞋的效果图，可以用在任何的杂志或报纸的重要文章中。这幅作品先用带刷头的笔手绘，然后再扫描进电脑用Photoshop渲染着色，得到干净生动的效果。

这一幅松弛的黑白平底凉鞋是用炭笔在马克纸上绘制的，用灰色的马克笔在纸的反面渲染鞋的灰色。

步骤1

首先在绘画底稿时，将所有的带子都画在穿着时的位置。请注意用蓝色笔画出足部的形状，它可以帮助我们找到鞋带的正确位置。同时，透视线（红色）可以帮助鞋带的两端透视准确。在绘画时请注意保持视平线的前后一致，所有带子的弧度都需要参照视线角度。用一条足部的中心线（绿色）来保持四分之三视角透视的准确性。

步骤2

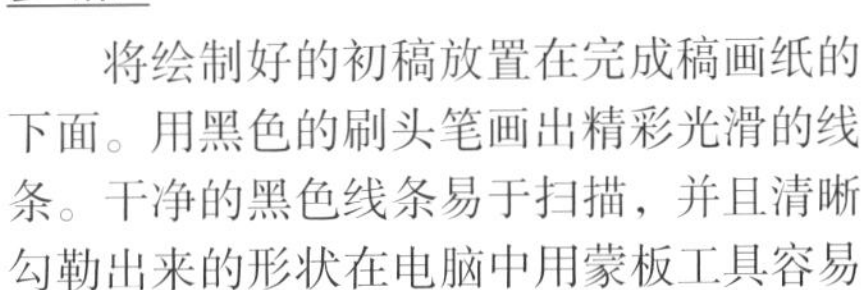

将绘制好的初稿放置在完成稿画纸的下面。用黑色的刷头笔画出精彩光滑的线条。干净的黑色线条易于扫描，并且清晰勾勒出来的形状在电脑中用蒙板工具容易捕捉。

步骤3

将画好的初稿拷贝以后，先画出高光线，然后再扫描进电脑。用蒙板魔棒工具依次圈住不同的色彩区域，并按不同的颜色上色。在形成蒙板之后，确定形状，再用填充工具填满颜色。同时选择所有的线条并用黑色填充，让线条颜色扎实饱满。在加入了中间色调和高光之后，用笔刷工具清理线条和颜色块。在画面上加入白色的高光，以增加漆皮的反光感。

厚底鞋的画法

厚底鞋和其他的厚底鞋一样，需要画出鞋尖上翘的弧度。鞋尖上翘的目的是为了让脚向前迈步时，鞋子可以有一个向前倾的空间，否则很容易被坚硬锋利的鞋跟绊倒。下面示例中的维维安·韦斯特伍德的极高厚底鞋是使用剪纸技艺表现的。这种生动有趣的表现方式很适合用于出版用的效果图或流行趋势中的效果图。

这幅自由奔放的水彩画表现出了厚底鞋的前端自然微微上翘。这是一幅典型的设计师用湿性工具快速表达设计想法的效果图。最后在画面中加入黑色的线条，增加细节的清晰度。

步骤1

首先，在纸上画出鞋子形状，也可以直接剪出鞋子的形状。用一把锋利的刀，如美工刀，裁出基本的形状。鞋底从鞋尖部分就开始上翘，并注意将鞋带处理的柔美生动。

步骤2

裁出第二个色彩层次的形状：固有色的形状、高光的形状和一些暗面阴影的形状。将暗面、固有色和亮面组合好，形成坚实的明暗关系。让每一种色彩的形态简洁，并注意其厚、薄和弧度——不要太笼统地处理这些细节，否则会使鞋子看上去粗笨乏味。裁黑色的细条，用来勾勒鞋底的形状。薄一点的纸可以让这些细条形成较好的弧度。然后用胶水将纸片粘好。

步骤3

增加一些背景元素可以有效地让画面产生立体感，并且强化了设计的主题性。在细节处理上，描绘一些鳄鱼皮的纹理，然后扫描进Photoshop。再将拼贴画扫描进电脑，然后添加鳄鱼皮的纹理。这一步同样可以用鳄鱼纹的印花或带纹理的纸张来完成。见第34页的拼贴画。

这幅由科林·凯利（Collen Kelly）绘画的亚历山大·麦奎因（Alexander McQueen）鞋子是用水彩和印度墨水绘制的。

运动鞋的画法

在绘画运动鞋或者特殊的软底鞋时，将鞋尖上翘的弧度画出来是非常重要的。如果鞋底被生硬地处理成紧贴地面，会使鞋子看上去太过坚硬，在视觉上不符合运动鞋舒适的特性。下面的这一幅灵活放松的高帮运动鞋表现出了充满青春活力、内涵深邃的风格。

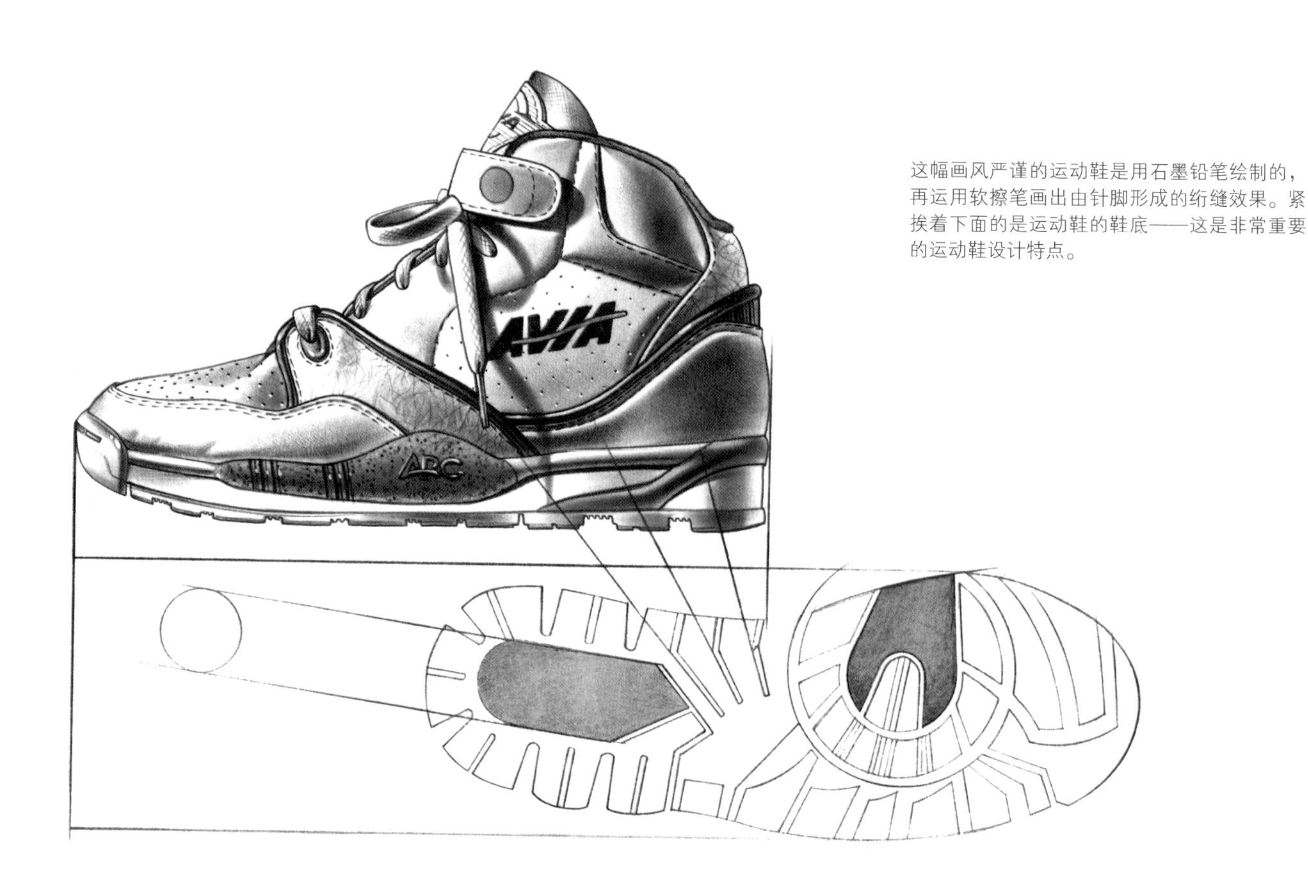

这幅画风严谨的运动鞋是用石墨铅笔绘制的，再运用软擦笔画出由针脚形成的绗缝效果。紧挨着下面的是运动鞋的鞋底——这是非常重要的运动鞋设计特点。

步骤1

用坚硬的（2H～4H）石墨铅笔画出淡色的初稿。四分之三的视角很容易表现出鞋头微微上翘的角度。再用遮盖液将需要留白的地方遮盖住。这样可以帮助你自由地作画而无须担心笔刷将颜色画出范围之外。

步骤2

用浓缩水彩颜料上色，制造出一种明亮的扎染效果。在上色的部位保留大量的水分，允许颜料自由地不受控制地流动。加入少许的背景色将白色的鞋带与背景分开。等画纸上的颜料干燥以后，将遮盖液小心剥开或用软橡皮擦掉。

步骤3

用黑色的印度墨水和一支削尖的棒棒糖棍为整只鞋描边。这样可以使鞋子的轮廓清晰并使细节到位，同时又不会让画面太过拘谨。再用一支勾线笔画出商标，增加品牌辨识度。

麻底布鞋的画法

麻底布鞋是在不同文化的国家里经常能够见到的一种鞋。在绘制麻底布鞋时，常常需要给这种鞋子画上带子，并让带子延伸至小腿上。在绘画鞋带时，你需要想象鞋带绑在腿上的样子。并且，在脑海里想象优美的腿形的同时，假想鞋带缠绕着腿部的那种迷人样子。下面的这些图是设计师勾勒的草图或概念图，运用马克笔快速起草。但是，即便是快速地绘制一幅草图，你也需要谨记，绘画的目的是为了让物体有一种立体感而不是平面的，因此你需要考虑光源和阴影。这种快速的绘画风格最适合于表达产品的构思和快速向客户传达设计理念。

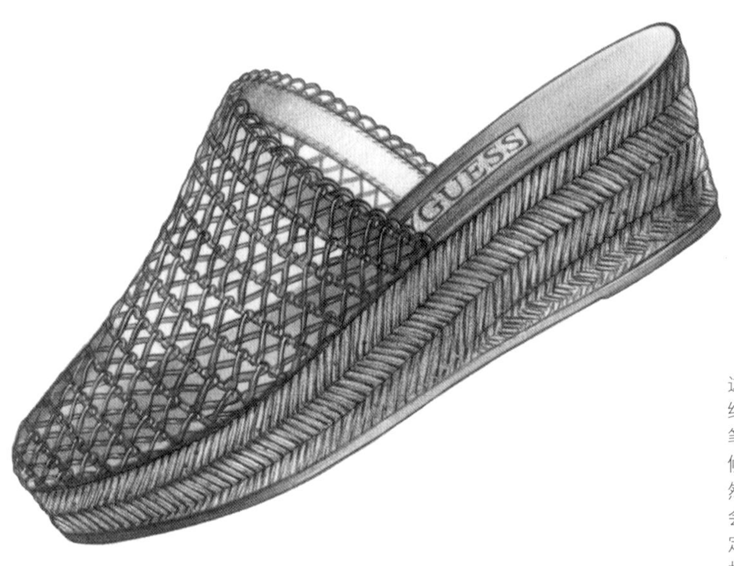

这是一幅刊登在黑白报纸中的广告画，画风精细严谨。绘制时先用石墨铅笔勾勒，再用马克笔在纸张背面涂色。在处理大面积花纹的时候，将花纹拆分成一个一个简化的单元图案，然后再有规律地重复绘制这个图案。由于透视会产生近大远小的效果，并且鞋的表面具有一定弧度，因此图案需要根据结构的需要适当地拉伸或缩短。

步骤1

首先需要画出草稿。可以先画出脚的形状和鞋带缠绕腿部的样子。再将底稿放置在马克纸的下面，用一支黑色勾线笔画出鞋子的轮廓线。颜料需使用水性墨水或颜料墨水，否则最后用到的马克笔会将轮廓线沾污破坏掉。

步骤2

用马克笔画出每一种颜色的浅色调。上色时避开亮面的位置，将高光处留白。相比之下，用马克笔取代黑笔勾勒高光部分的轮廓，可以使物体显得生动有趣，并且柔软光滑。同时，不同色彩和笔触的混搭也会让画面更活泼，并符合材质的质感。

步骤3

完成这幅画的最后一道工序，是选用同一色系的深色马克笔，在画面上增加阴影的立体感。如果没有合适颜色的深色马克笔，可以用浅色的笔，只需重复画两次就会达到深色的效果。需要等待第一层颜色干燥以后才能画第二层颜色。然后用白色的彩色铅笔描绘高光区域——蕾丝鞋带也需要少许的高光色提亮。

鞋子多角度的画法

掌握鞋子多角度的画法，不仅仅需要将鞋子本身描绘的出色，而且需要将人体的部分表现的重心稳固且能够运动。在绘制双脚的透视图时，应当注意随着人体的运动而产生的近大远小的效果，这一点很重要。以下列出的是一些常见的视角，绘画的时候运用基准线从任何视角来检查人体动态是否稳固。

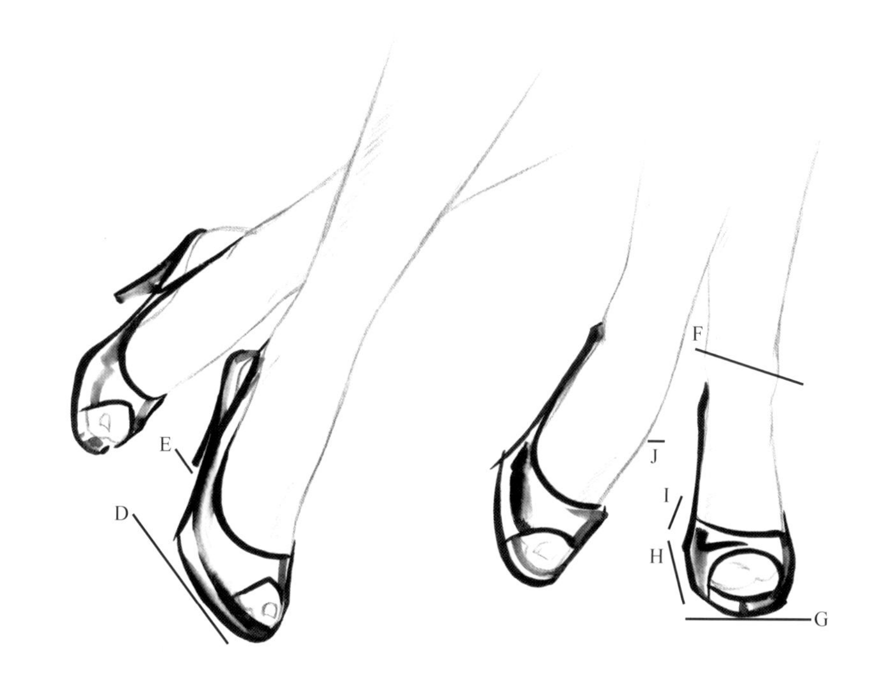

背面视角

当你从背面的位置绘画鞋子时，请注意近大远小的原则发生在两个最重要的透视点上：从地平线的位置（B）往前有一个向上的角度，显示的是足或鞋子（A）的厚度。让鞋子转一下方向，也会产生这种略微向上的角度，感觉仿佛脚正向前迈步（C）。请注意鞋跟比脚背线略低。

双脚交叉的视角

当你绘画两脚交叉或一只脚迈向前方时，请注意鞋掌外部的弧度（D）和鞋跟的长度（E），鞋跟的位置应该是处在后足掌的中心。

正面直立的视角

当绘画正面直立的视角时，请注意脚踝内侧（胫骨—F）的位置高于脚踝外侧（腓骨）。脚踝骨以下的位置是脚踝最细的地方。绘画鞋子时，找到鞋掌的宽度（G）、鞋掌的长度（H）和脚背的深度（I）。你并不需要画出所有的脚趾，因为只有稍微忽略脚部的细节，才能让鞋子更引人注目。另外，请注意抬起迈向前的一只脚的足弓顶端的轻柔弧线。注意足弓拱起的最高处并不是在脚的中间位置（J）。

背面四分之三的视角

在背面四分之三的视角中，脚的运动方向逐渐远离你，因此请注意鞋子向上的透视线（A）。同时，鞋跟是脚背的中心位置，并且位置低于脚掌线（B）。通常情况下，鞋跟弧线位于脚跟的正中心，支撑脚跟的重量。你可以观察到鞋跟的顶端弧线支撑住了整个脚跟（C）。

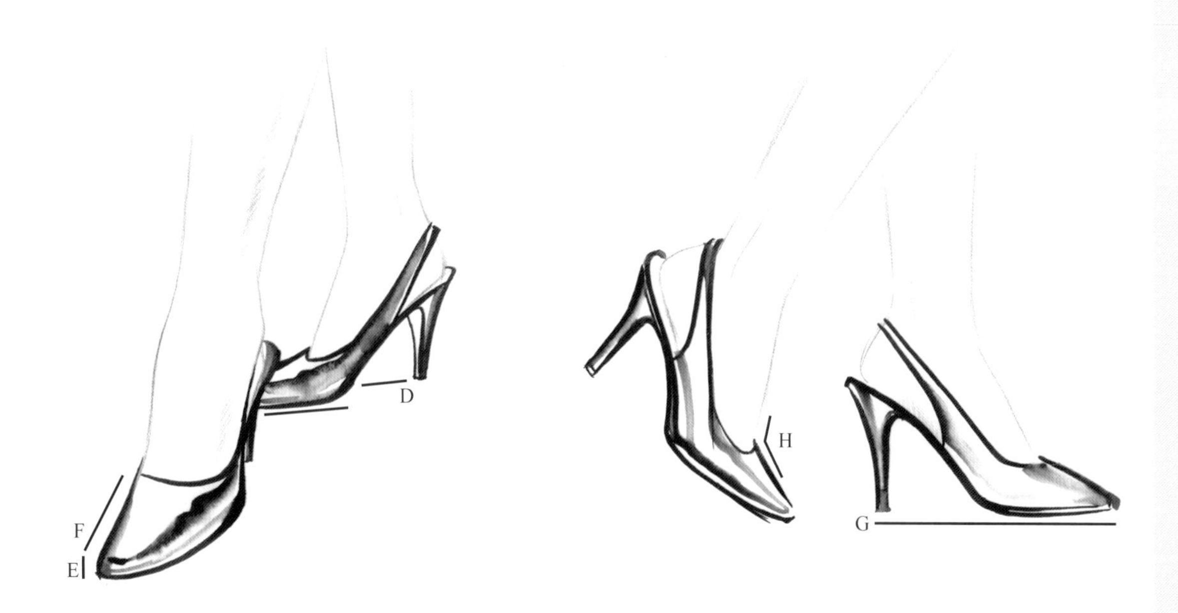

正面四分之三的视角

当你绘画正面四分之三视角时，请注意鞋跟的高度（D）。你可以看出，鞋跟的水平线略高于脚掌的水平线。当绘画脚趾部分的时候，请注意画出脚趾的厚度（E）和脚趾的长度（F），避免鞋看上去是平面的。

侧面的视角

从鞋子的侧面视角来看，鞋子是水平紧挨地面的（G）。请注意鞋跟的位置略高于脚背的位置。并且请注意，在足部向前迈步的姿势中，不要缩短脚趾的长度。用干净的线条表现足弓到脚趾的角度（H），可以使鞋子的结构看起来准确有力。

磨面皮革的画法

磨面皮革的画法相对简单。它的暗面与亮面的对比柔和，可以用彩铅和蜡笔表现皮革的质感。

材料：
彩色铅笔，
无色的调和笔，
马克笔，
白色铅笔。

绘画小贴士

为了保持颜色柔和、过渡平稳，你可以借助手指、柔软的纸笔、麂皮或纸巾揉擦画面。

绘画这只鞋子的目的是宣传和零售，作者运用艺术马克笔和彩铅在比恩方360绘图马克纸上绘制的。

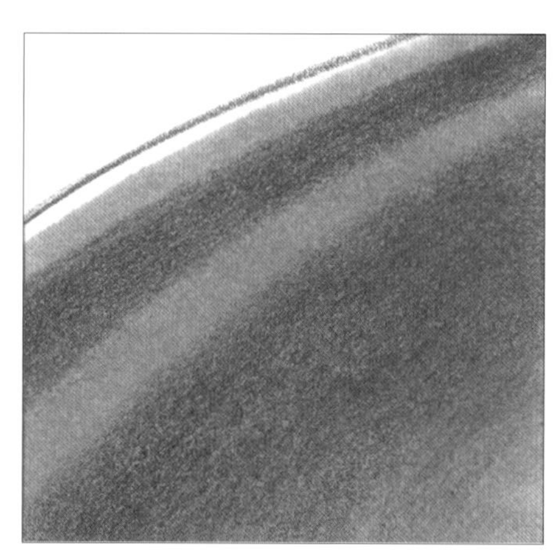

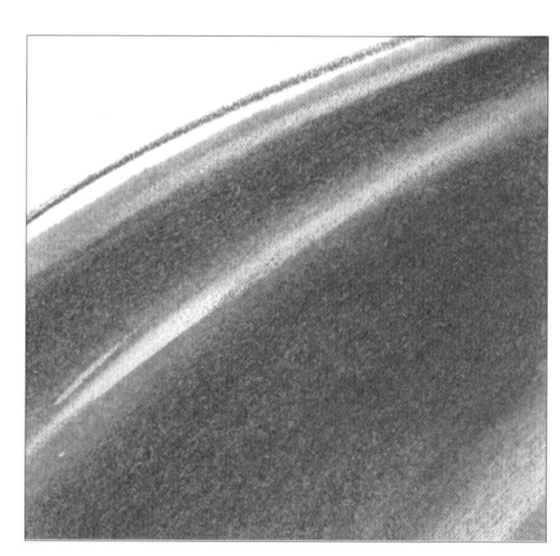

步骤1

首先运用彩铅绘画出柔滑的轮廓线。再在暗面的区域轻柔地渲染颜色。接着用一只无色的调合笔擦掉强烈的笔触，并将暗面的颜色调和在一起。

步骤2

用马克笔在纸的反面上色。

步骤3

用白色的彩色铅笔绘制轻柔的白色高光。使物体表面的光影看上去好像在轻柔流动。

绸缎的画法

绸缎具有柔软、流畅的质地和如水般流动的反光。因为绸缎具有高度反光的特性，你必须要同时考虑到暗面的反光和亮面的反光。

材料：
彩色铅笔，
无色的调合笔，
艺术马克笔，
白色铅笔，
白漆。

这只缎面的鞋子用于一则新娘装的广告中。作者运用石墨铅笔绘制鞋面的色彩，再用黑色的细笔勾勒串珠装饰（串珠的画法第51页）。

步骤1

首先画出柔润的轮廓线。描绘阴影部分时，保持暗面形状呈流动状。用一支无色的调合笔揉擦画面使笔触柔和，并加深暗面的颜色，保持边缘轻柔。

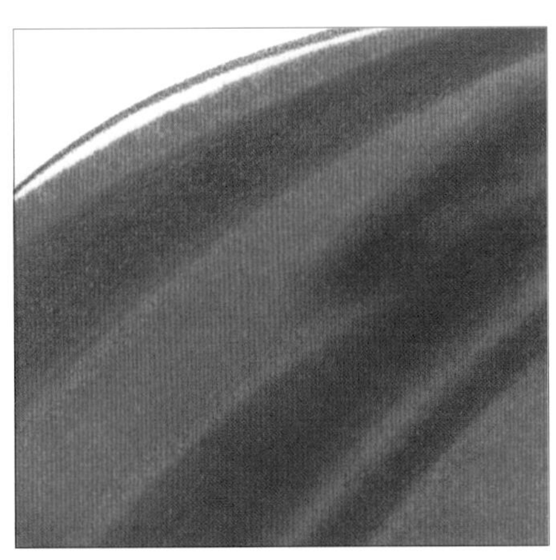

步骤2

用马克笔在纸的反面上色。

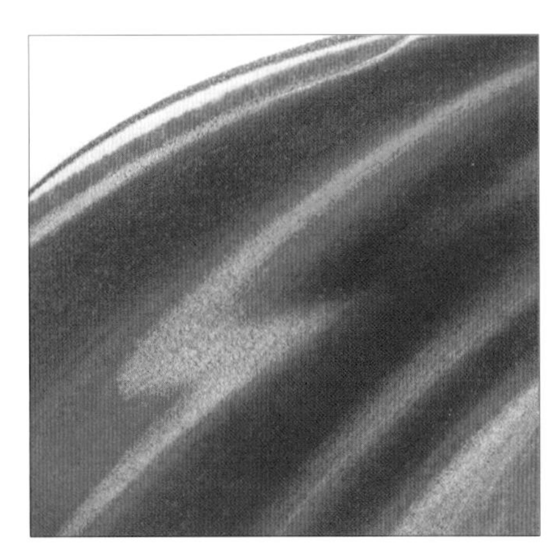

步骤3

用白色的彩铅加入高光，请继续保持纹理的柔滑和流动性。如果有必要的话也可以加入一些白漆，使高光部分看上去更精彩。

漆皮的画法

漆皮的特点是色彩浓烈、干净、反光性强。所以在绘画时需要保持色彩对比的极度强烈。你需要运用极黑的颜色（或选用皮革的本色）来衬托出高光的纯白。渐变可以很好地表现出物体表面的流动性，同时需要保持纹理的高度光滑。

材料：
彩色铅笔或炭笔，
马克笔，
防渗透白漆，
比恩方360绘图马克纸。

这只靴子被用在黑白报纸的广告中。

步骤1

首先画出柔和圆润的轮廓线和暗面的阴影。接着绘制出亮面的反光，与暗面形成强烈对比。再用调和笔将颜色擦拭柔和。

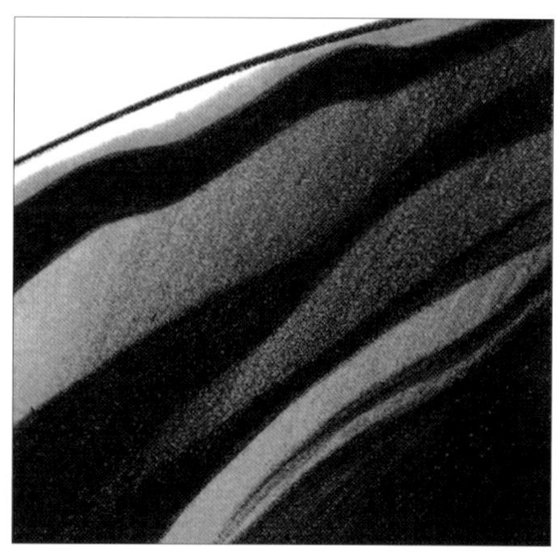

步骤2

用马克笔在纸的反面上色。用50%~80%灰度的马克笔取代100%纯黑的马克笔。

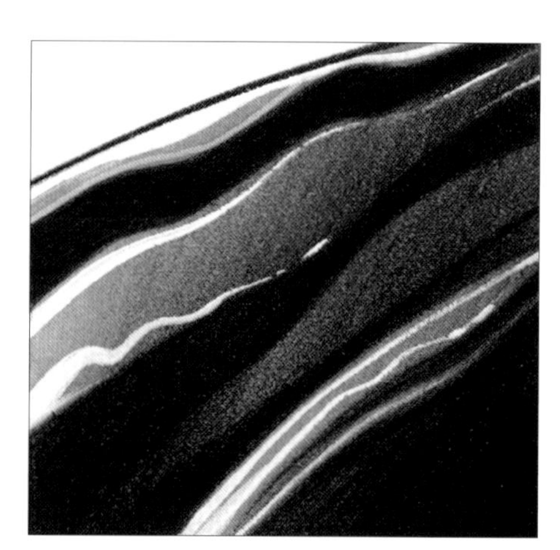

步骤3

用白漆描绘高光，让皮面富有光泽。再用白色的彩铅均匀涂抹白色的高光区域，使犀利的高光稍显柔和。

绒面革的画法

绒面革具有柔软、毛茸茸、朴拙的特点，是相对容易描绘的材料。最重要的就是不要过度地描绘。

材料：
彩色铅笔，
马克笔，
白色铅笔，
比恩方360绘图马克纸。

这只沙漠靴是使用彩色铅笔绘制，再用同鞋色一致的马克笔在纸的背面渲染颜色。它被用在一则零售商业广告中。

步骤1

首先勾勒柔润的轮廓线。让笔尖倾斜大面积地涂抹阴影区域。再加深阴影的颜色，并在皮革的表面加入磨砂纹理。

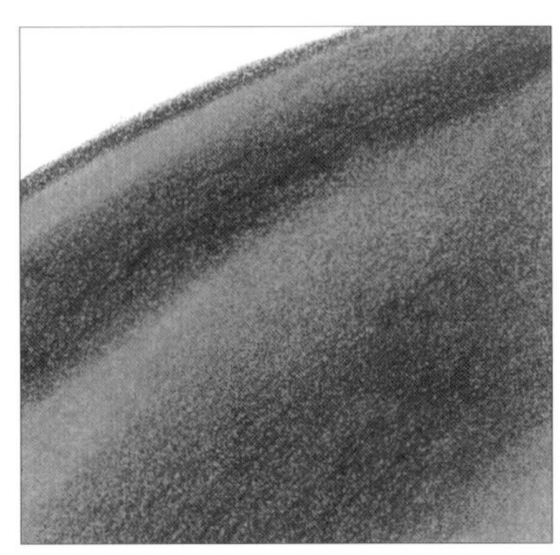

步骤2

用马克笔将纸的背面皮革的区域上色。

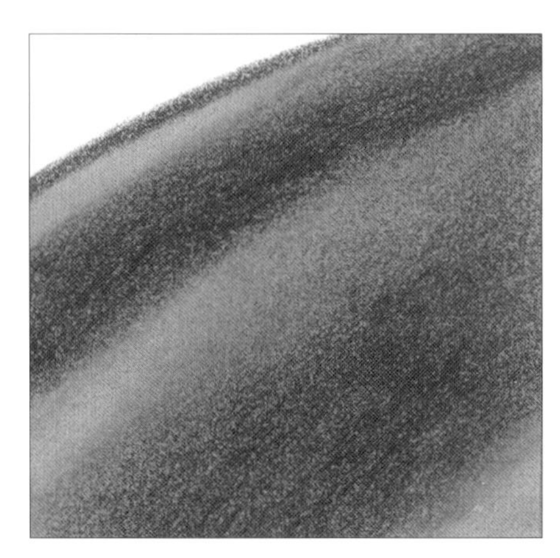

步骤3

为了使物体更显立体，在高光区域用白色或浅色的彩铅上色，涂色时倾斜笔尖得到最佳的肌理效果。带有色彩的高光可以丰富画面，增加绒面革的趣味性。

编织面料的画法

绘画编织面料最简易的方法就是，将面料分解成格子，再重复地在每个格子上绘画亮面与暗面。

材料：
彩色铅笔或炭笔，
马克笔，
白漆，
比恩方360绘图马克纸。

绘画小贴士

用重复的方式可以提速绘画过程。比方说，先将所有格子里的亮面一侧全部依次画好，再开始统一地画暗面一侧。

这只鞋的效果图被用在零售商店的广告中。

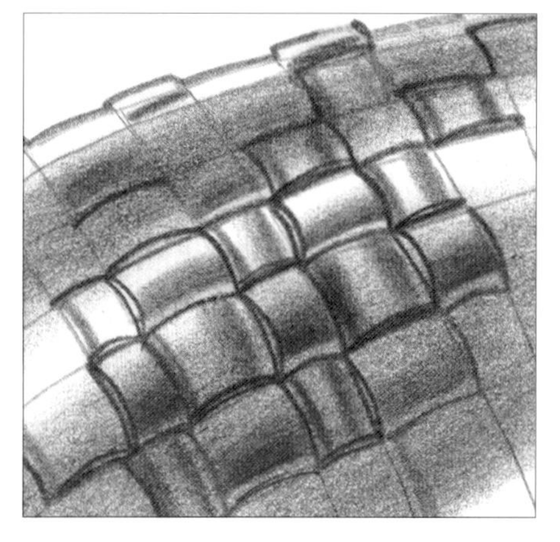

步骤1

首先用彩色铅笔勾勒柔滑的轮廓。接着用彩色铅笔涂抹阴影部分的色彩。再用硬度较大的铅笔画出编织材料的格子。然后用一支深色的彩色铅笔勾勒每一个格子的轮廓并上色。最后将每一个格子的暗面颜色加深。

步骤2

在马克纸的背面用马克笔上色。

步骤3

最后用少量的白漆，在每一个格子的高光处描绘高光，并用白色的彩铅处理较轻柔的高光。

帆布或呢料的画法

帆布或呢料被用来制作服装和休闲鞋。面料越简洁、密度越紧致，需要画出来的纹理就越少。

材料：
彩色铅笔，
马克笔，
白漆。

这只鞋首先用石墨铅笔描绘，再在Photoshop中用透明的涂层上色。

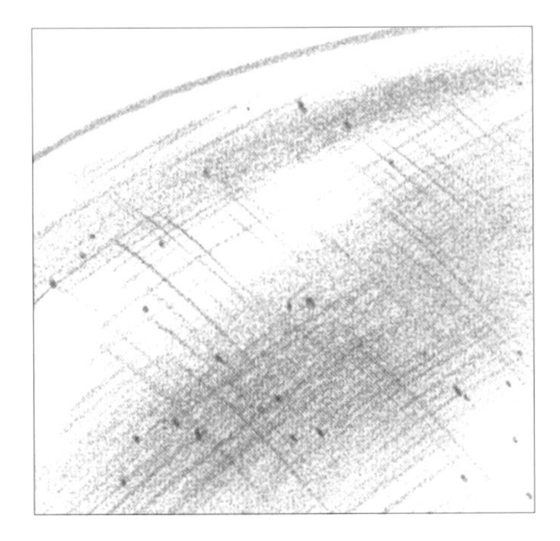

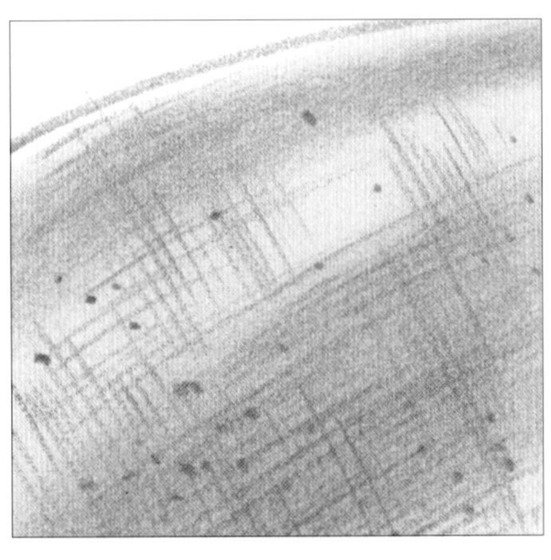

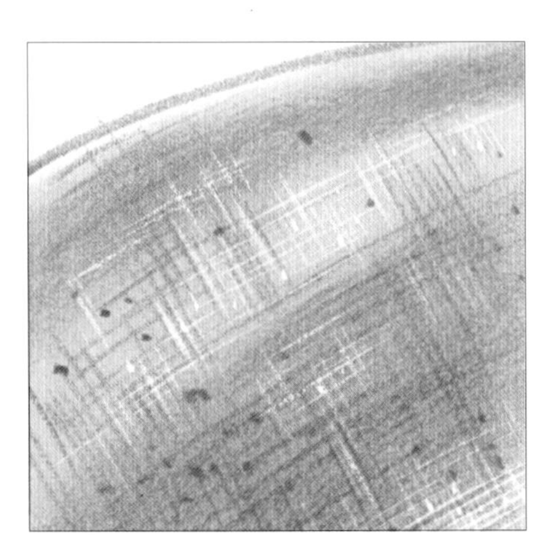

步骤1

首先用彩铅勾勒出柔润的轮廓。粗略地涂抹出阴影的位置。再用一支削尖的彩色铅笔在亮面的区域根据面料的质地绘制出纵横交错的纹理，并使这种纹理渐渐消失在暗面中，以避免过度渲染。并且，不要出现太粗的线条。然后用铅笔随机地轻点画面，形成面料的节点。

步骤2

用马克笔在纸的背面上色。

步骤3

最后用白漆和小号的刷子增加亮色。注意保持笔触的细致，线条跟从面料纵横的纹理走向。再用笔轻点几处白色的节点，增加纹理感。

皮毛的画法

除了用皮毛作衬里的长筒靴以外，用于鞋子外表的皮毛通常都是短绒毛。此类鞋子极其柔软的边缘与表面是需要引起注意的重要特点。

材料：
彩色铅笔，
马克笔，
白漆，
白色铅笔。

这幅用水彩绘制的维维安·韦斯特伍德的靴子被用做样品展示。

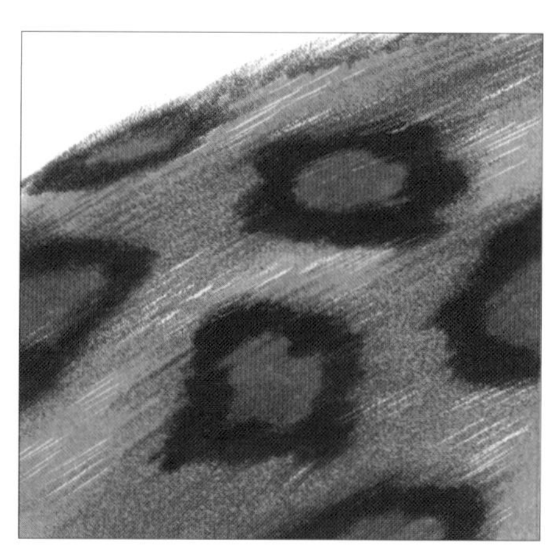

步骤1

首先，运用彩铅捕捉皮毛的质感，画出带有纹理的轮廓。在暗面用粗糙的笔触上色。然后勾勒出每一个斑点的轮廓并上色，注意保持柔和的皮毛边缘。

步骤2

用两种颜色的马克笔在纸的背面上色。

步骤3

用白漆提亮针毛处的高光，并且用白色的彩铅在高点绘画柔和的高光。最后用笔画出长毛，让边缘的纹理显得生动夸张。

串珠饰的画法

串珠被广泛用于装饰婚礼鞋与晚宴鞋。效果图中的串珠应该是立体的，而不是简单的平面图案。

材料：
彩色铅笔，
马克笔，
白漆。

在这幅效果图中，作者首先使用黑色铅笔绘画鞋子。接着再在Photoshop中，选取鞋子串珠装饰和轮廓线以内的区域，运用图层蒙板加入透明的彩色图层。这幅作品被用来进行新娘鞋的销售。

步骤1

首先用较坚硬的铅笔画出光滑干净的轮廓。用黑色铅笔粗略地画出阴影部分，再用更坚硬的笔勾勒出串珠简单的外轮廓。然后运用黑色的细头马克笔和形状模板，描绘出串珠的外形。接着用重复的方法，在每一个串珠上画出暗面和阴影。

步骤2

用马克笔上色，或将整幅图扫描至电脑中上色。

步骤3

最后用白漆增加高光，用重复的方法描绘每一个串珠的高光面，表达出强烈的光亮感。添加少许星形的光芒，以强调炫目的闪光感。

亮片的画法

在绘制鞋子上的亮片或者类似的饰物时，需将亮片的层次与鞋子的面料分开，并且呈现出亮片闪耀的光感。

材料：
彩色铅笔，
马克笔，
白漆或水粉，
马克纸。

绘画小贴士

在描绘亮片时，借助圆形模板，使每一个亮片都具有干净、圆润、坚硬的边缘。

这幅镶有珠宝的鞋子是用黑色铅笔、彩色勾线笔和水彩绘制的。用勾线笔勾勒串珠和亮片的外轮廓，使其在鞋子上显得特别醒目（串珠画法请详见第51页）。

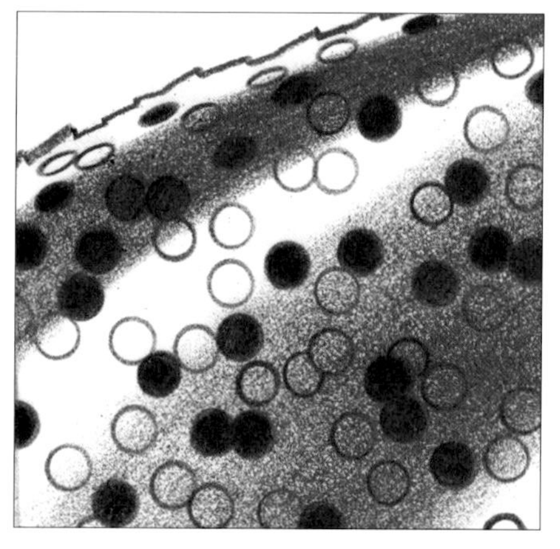

步骤1

首先用彩铅勾勒边缘线。轮廓线需要体现出亮片的形状和尺寸。再描绘出阴影部分的颜色，并为亮片上色。靠近前面的亮片呈圆形，但是鞋子边缘处的亮片应是椭圆形。试着将亮片的颜色归纳成三种：深色（暗面的颜色）、固有色（亮片的本色）和亮色（高光的颜色）。

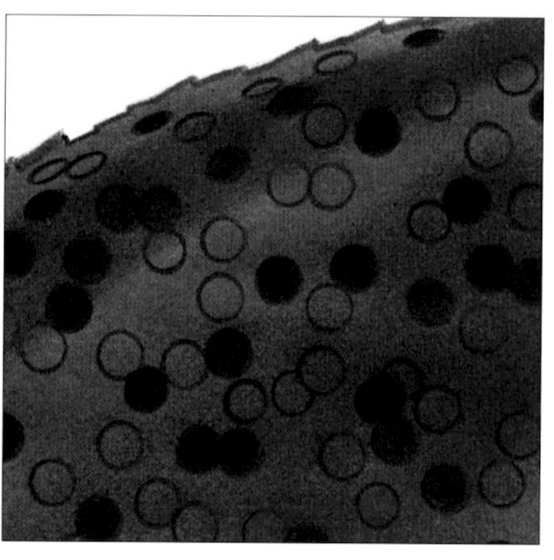

步骤2

用马克笔在纸的背面上色。

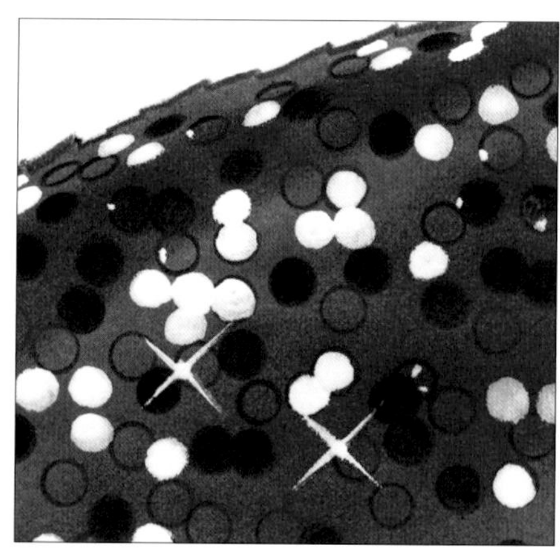

步骤3

用白漆或水粉描绘高光色，由于高光是由光源照射形成的，因此高光亮片的位置需要归纳成组。最高点的亮片和离光源最近的亮片是最耀眼的。最后添加几处星形光芒以增添炫目的光感。

蕾丝的画法

当你绘画衣服或鞋子上的蕾丝时，以下两点非常重要：第一是准确把握装饰部分的面积比例；第二是了解蕾丝图案的主题或类型，如花卉图案、几何图案或建筑图案。

材料：
高硬度黑色铅笔，
中硬度铅笔（HB～2B），
水彩和双层布里斯托卡纸。

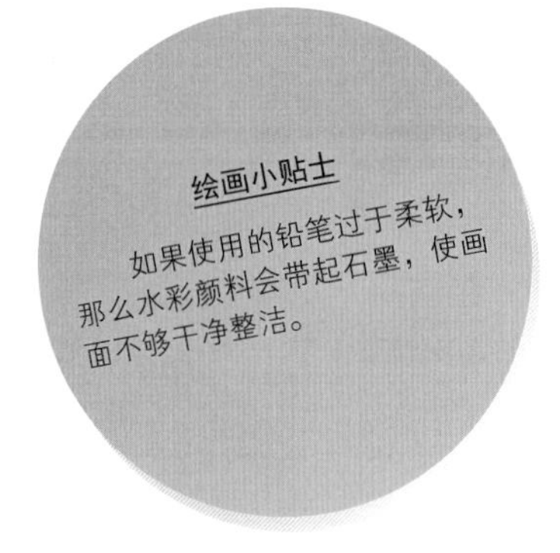

这只花卉蕾丝图案的鞋子是用水彩颜料绘制的，再用黑色的勾线笔勾勒细节。

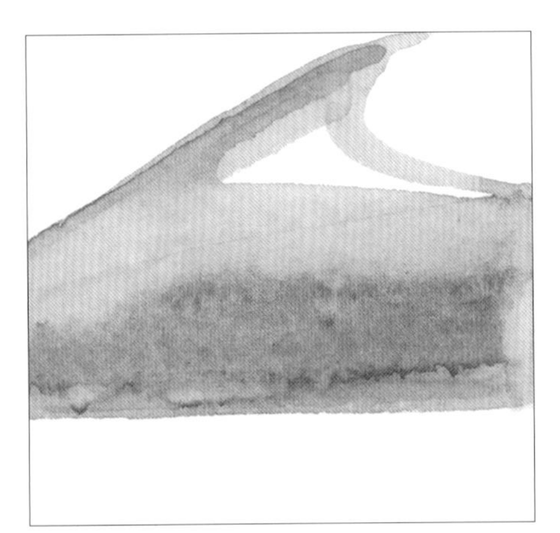

步骤1

首先用一支高硬度的黑色铅笔画出大致的轮廓。如果你想要制造润滑、柔软、均匀的效果，可以用水将鞋子的区域沾湿；如果需要较硬挺的感觉，可以直接在干燥的纸上作画。

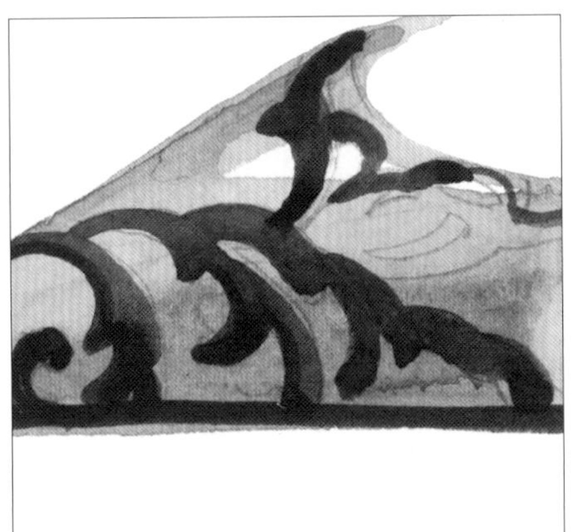

步骤2

待颜料干燥以后，用一支中硬度的铅笔（HB～2B）在鞋子的表面勾勒蕾丝花纹。由于铅笔的笔迹最终会被擦去，所以运用轻柔的线条方便擦拭，易于保持画面的整洁。接着用水彩颜料绘制面积较大的图案。由于蕾丝包裹着鞋面，因此绘画时需要随着透视的变化，让边缘处的图案缩小。

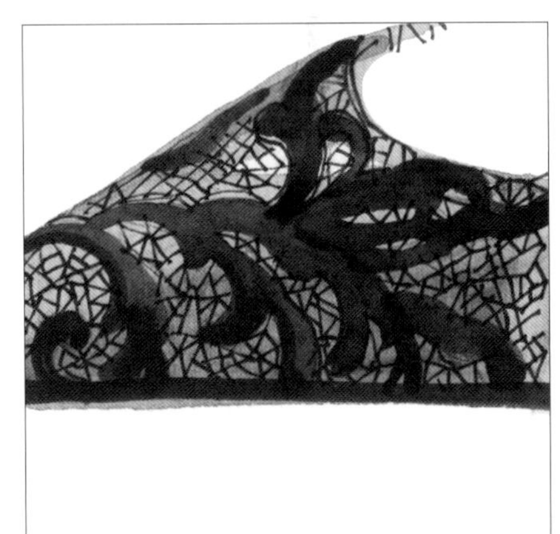

步骤3

最后在造型之间加入蕾丝的线条与网格。如果效果图的尺寸偏小，更应当运用网线简化绘画过程。用于鞋身的颜料是森林绿水彩，用于蕾丝的是暖色调的黑色。

鳄鱼皮的画法

在绘画爬行动物类的皮革时，最重要的是遵照特殊皮革的实际特性。这种皮革之间最重要的两点不同：形状不同，鳞片的大小不同。

材料：
彩色铅笔，
高硬度的黑色铅笔，
艺术马克笔，
白漆，
比恩方360绘图马克纸。

这双鳄鱼皮的鞋子效果图被用在零售商店的促销活动中。

下页例图：这幅吉田（Don Yoshida）的厚底鞋的效果图是用Photoshop绘制的，作者用二维的图案填满鞋面的区域，然后再用笔刷工具添加阴影与高光。请注意鞋子下方的轻微投影，这是复制了原图然后向下翻转产生的效果。

步骤1

首先用彩色铅笔依照鳞片的感觉画出轮廓边缘。接着在鞋子的暗面涂色。再用一支高硬度的黑色铅笔大致勾勒出鳞片。然后再仔细勾勒每个鳞片的轮廓并上色，将它们依次排列整齐。

步骤2

为每一个鳞片涂色，请留意随着鞋子结构的变化，边缘的鳞片要显得略微窄小。接着用艺术马克笔在纸的背面上色。

步骤3

最后用白漆在高光一侧的边缘处上色，并用白色的彩铅在鳞片上绘制相对轻柔的高光。

蛇皮的画法

蛇皮与蜥蜴皮画法非常相似。蛇皮的表面通常有疵点，但蜥蜴皮的颜色和鳞片的大小更具有一致性。

材料：
彩色铅笔，
高硬度黑色铅笔，
艺术马克笔，
白漆，
比恩方360绘图马克纸。

这幅风格灵活松弛的蓝色蛇皮高跟鞋效果图是典型设计师的概念草图。首先用黑色的水性笔勾勒轮廓，然后用酒精性的马克笔上色，选用蔚蓝色的马克笔绘制鞋子的固有色，并且将高光的区域留白。接着用海蓝色绘制阴影部分，然后用深蓝色的刷头笔描绘疵点鳞片。这种风格的草图可以快速向客户表达设计思路。

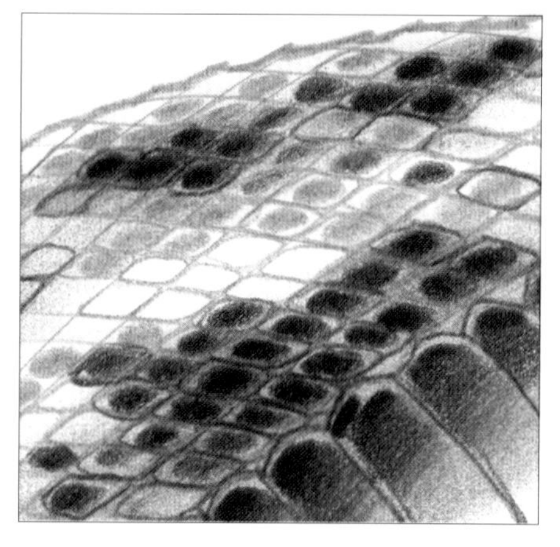

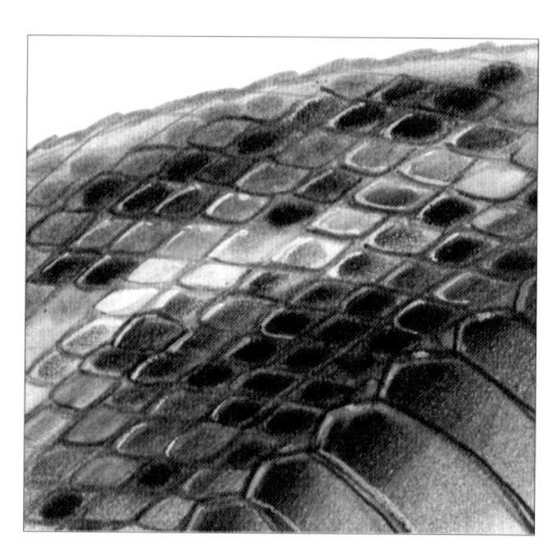

步骤1

首先根据鳞片的大小和感觉勾勒出凹凸不平的边缘。再用彩铅粗略的画出阴影部分。然后用一支高硬度的黑色铅笔勾勒鳞片的轮廓。接着选用一只颜色反差较大的彩色铅笔描绘带有疵点颜色的鳞片。然后加深暗面的颜色，使物体更具立体感。

步骤2

选用一只和皮革同色的马克笔，在纸的反面上色。

步骤3

最后，在亮面区域的鳞片面向光源的一侧，用白漆提亮高光。

塑胶的画法

当绘画塑胶或者任何闪亮透明的材料时，以下的两点非常重要：第一，应当干脆利落地处理边缘线，材料的反光性越强就意味着它的明暗关系对比越强烈；第二，应当设法表现第一层材料后面物体的轮廓，通过层次感显示材料的透明性。

材料：
黑笔，
黑色铅笔，
马克笔，
白漆，
马克纸。

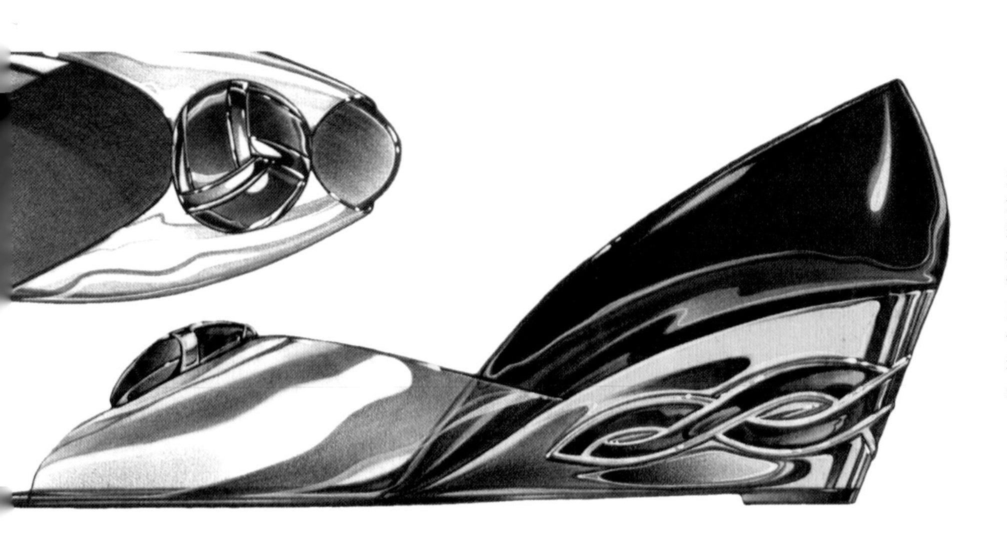

这幅塑胶鞋的效果图不仅展示了具有流动性的清晰可见的反光，还表现了从亮面到暗面的色彩变化。同时，通过渐变来表现反光，可以烘托材料的质感。鞋身所用的材料是黑色漆皮与镶嵌的金色金属，请注意塑胶鞋面覆盖了部分的漆皮。这幅风格严谨的效果图被用在零售广告中，运用到的材料有：黑色的细笔、高硬度和低硬度的黑色铅笔、20%冷灰色马克笔和用来提亮高光的白漆。

步骤1

首先用黑笔画出平滑的曲线，创造鲜明有力的轮廓线。然后绘制阴影部分，注意保持笔触的光滑、均匀。接着，画一些有力的流线形线条，给物体加入运动感。再用橡皮擦出一些线条增加丰富的层次。

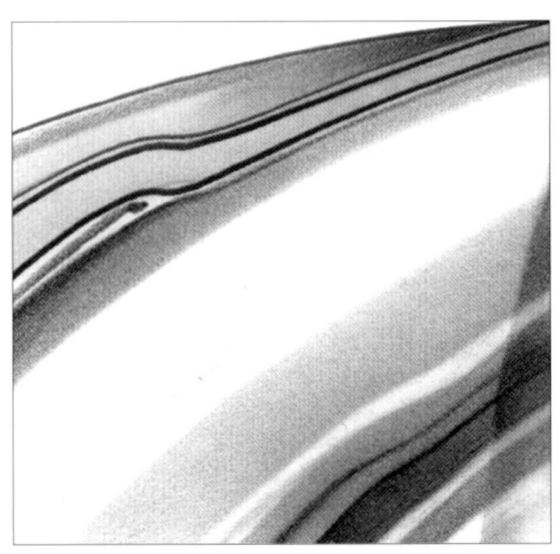

步骤2

运用马克笔制造一些厚实干净的反光。将灰色运用到画面的右下角用于增加材质的透明感。保持整个画面适当的明亮感，可以显示透明的塑胶材质。

步骤3

最后加入一些清晰的呈流动性的白色高光，使物体的表面显得光润平滑，并且增加层次感。在画面的右下角用白色的线条穿过灰色的区域，增强透明的效果。

金属质感皮革的画法

在金属质感皮革的画法中，需强调暗面与亮面的强烈对比，但是跟高度反光的材质相比，这种材料的过渡较为柔和。

材料：
彩色铅笔，
调和笔，
艺术马克笔，
白漆，
马克纸。

这张鞋子的效果图适合刊登在彩色的杂志广告上。

步骤1

首先画出柔和但又利落的边缘线。用深色的彩色铅笔粗略地画出阴影部分。用调和笔将笔触调和均匀，并加深暗面以增加立体感。

步骤2

选用和皮革同色的马克笔在纸的背面上色，增加画面的统一感。

步骤3

将白漆用点彩的技法添加在画面上，制造高光效果。通常情况下，金属皮革的高光具有闪烁的效果。

儿童鞋的画法

儿童鞋尺寸偏小，具有种类繁多的形状、纹理和款式。由于儿童足部的比例不同于成人的足部——儿童的足部较厚较短，因此绘画儿童鞋容易让人产生变形、别扭的错觉。将一个日常用品作为形状和尺寸的参照放入画面中是常用的解决方法，如以下展示的图片中的棒球。

这幅作品的绘画工具是黑色铅笔和艺术马克笔，该作品被用于黑白的零售广告。若想将它运用到彩色的广告或杂志中，你可以将它扫描入电脑中，使用不同颜色的滤镜，增添其趣味性。画面的抽象程度取决于是否用于出版目的。

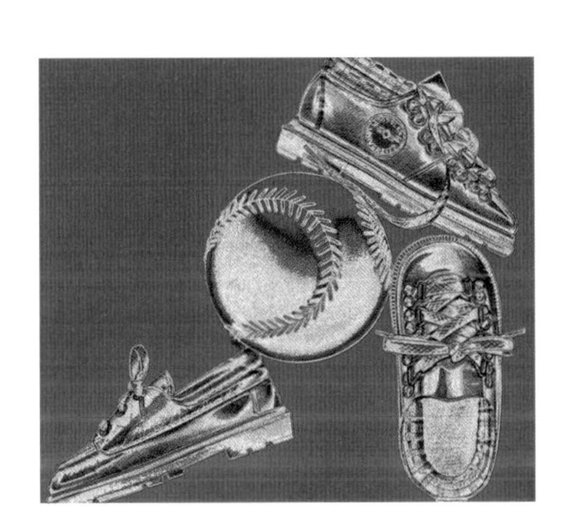

致幻艺术

这是一种软件滤镜，可以根据你的设定调整画面的奇幻程度。

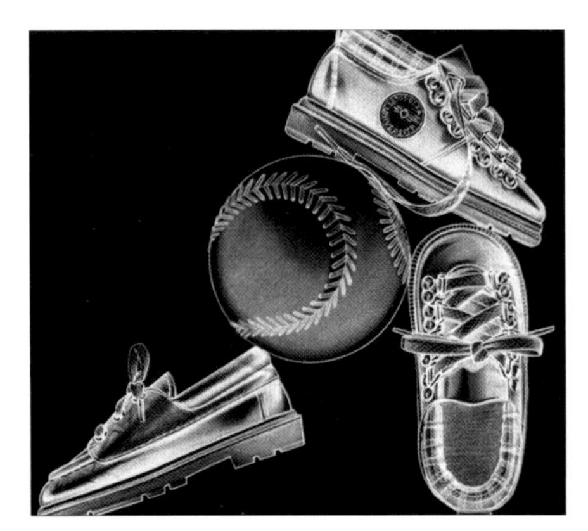

嵌入图层

鞋子的原图被转化成两幅不同颜色、不同透明度的图层，并将一个图层覆盖住另一个图层。

色彩强度

在这个例子中，原图中的黑白色被转变为洋红色。这样既保持了原图中的素描关系，又增加了色彩的冲击力。

反转色

这种滤镜将画面的色度反向逆转，与相机胶片的底片原理相似。

产品平面图

同衣服一样，鞋子的生产制作也需要平面图。下面平面图的作者雷蒙德·塞尔纳（Raymond Serna），是众多品牌如汤米·希尔费格（Tommy Hilfiger）、玖熙（Nine West）和蔻驰（Coach）的女鞋设计总监。根据所需要展示的细节，鞋子的平面图可以用俯视、侧视或四分之三视角来展示。这些平面图的用途是生产和打样产品，因此在尺寸和比例上必须精确。鞋子上的每一个设计元素都需要在图中清楚地表现出来，以便让生产者和打板师了解所有的设计细节。

这是一幅用铅笔绘制在布里斯托卡纸上的女式 4 号鞋。完成了铅笔稿之后，用黑色的勾线笔以三种明显不同的粗度画出干净易懂的线条。这三种粗度分别：粗体线条，用于勾勒外轮廓线（可以使轮廓显得有力）；中等尺寸的线条，用以描绘内部结构细节（这是绘画的主要目的）；细致的线条，用来增加纹理、反光与阴影的效果。你可以借助直尺和曲尺绘制干净利落的线条。一旦颜料干燥，将铅笔的印迹擦去，留下的会是生动有活力的图画。平面图不需要上色。你可以把它想象成一个物体的建造效果图。

踝靴

这一只鞋底结构厚实的踝靴，增加了鞋尖上抬的弧度。靴子的前片没有完全缝合，而是翻折着搭下来，你可以通过靴口看出皮的厚度。同时，作者加强了水晶装饰的外轮廓，使其与皮面的外表分开。

高筒靴

高筒靴的腿部有略微向前倾的趋势。每一个针脚都是笔直的，且长度相同平均排列，如同长度统一的破折号一般。靴筒上的褶皱表现了皮质的柔软。鞋跟上的线条暗示了这是由木质或皮革包裹的鞋跟。

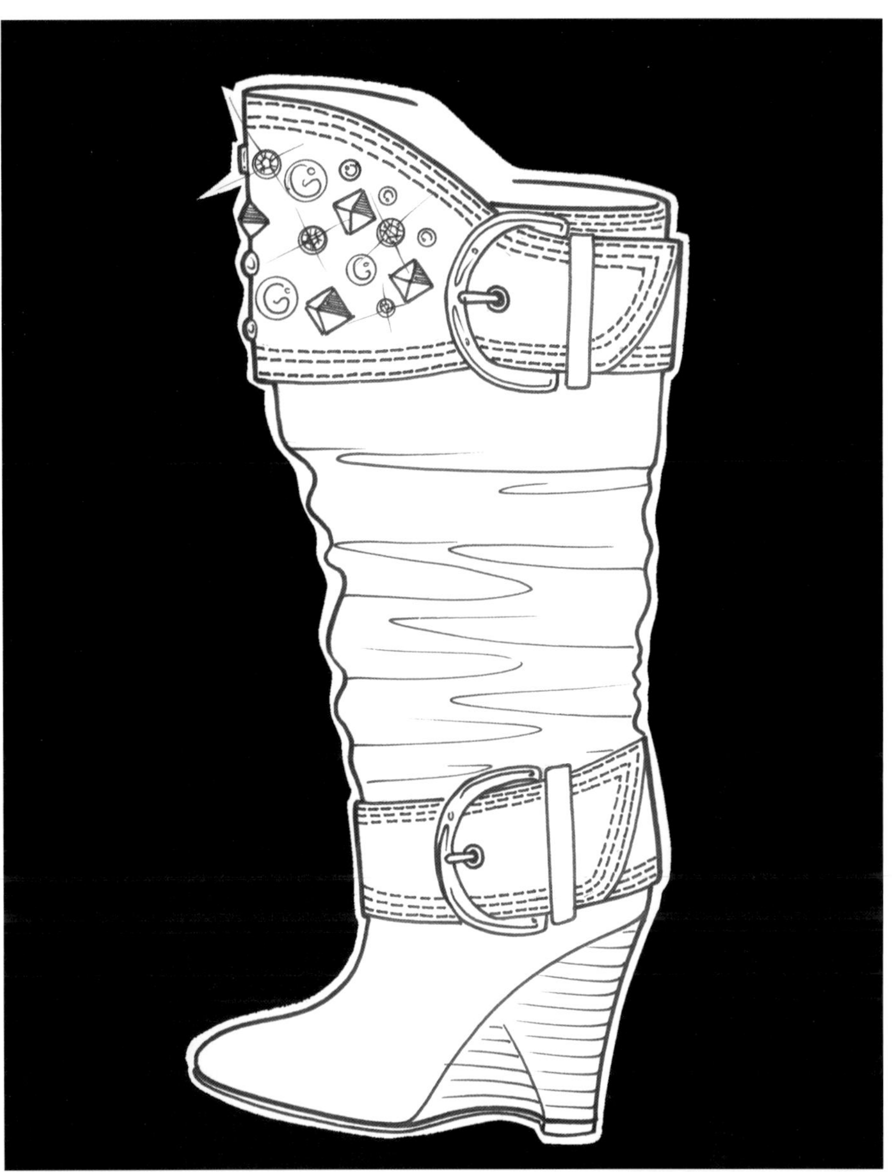

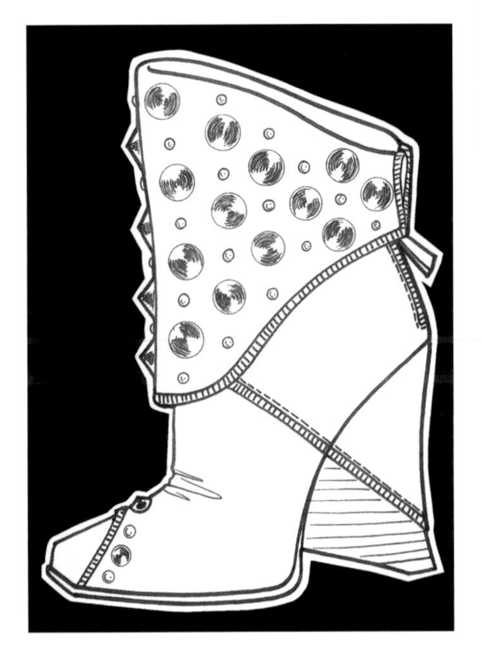

短靴

鞋尖的角度可以表明这是一只方头靴。在圆锥形的大头装饰钉上绘画了半圆形的线，一方面表明了金属质感上的反光，另一方面显示了金属的纹理。平面图的靴子无需上色。

牛津平底鞋

镂空是这只鞋子的特点。由于设计重点集中在鞋子的外侧，因此作者选用这个角度作画。请注意泪滴形的镂空边缘上皮革的厚度，并且鞋子正中间的接缝是微微向上翘起的。

玛丽•珍鞋

这幅平面图展现了水晶宝石的高度、切面、反光和星形光芒。作为对比，作者用回旋的线条绘画宝石，暗示它们的反射光芒和光滑的特征。

鞋子术语的汇总表

这个鞋类术语的汇总表可以帮助你了解一些用于鞋子结构与设计的术语。有一些术语用来表达常见的部位，如鞋底、鞋面和鞋跟，而另一些术语则用来表达特殊款式或类型的鞋子。并不是所有的术语都包含在以下图例中。

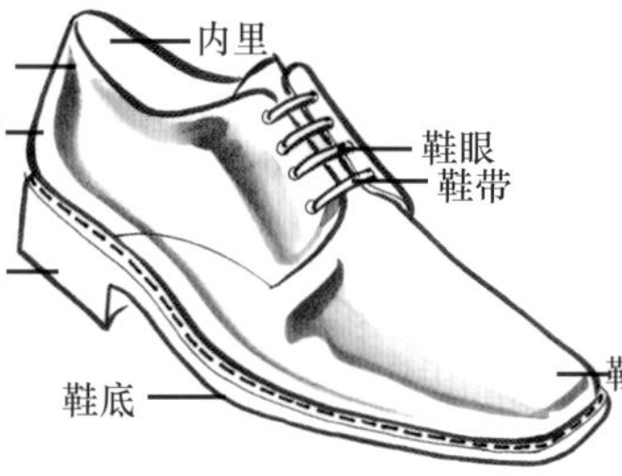

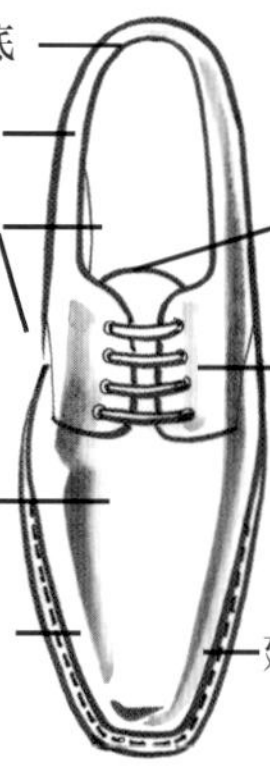

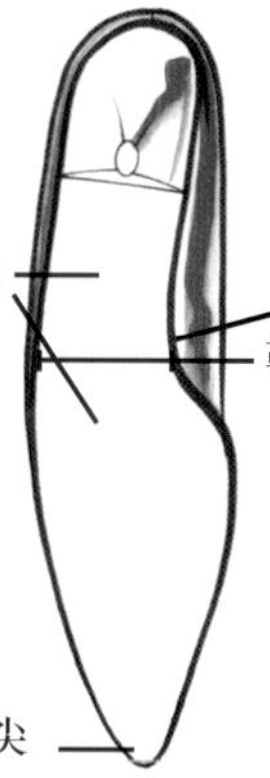

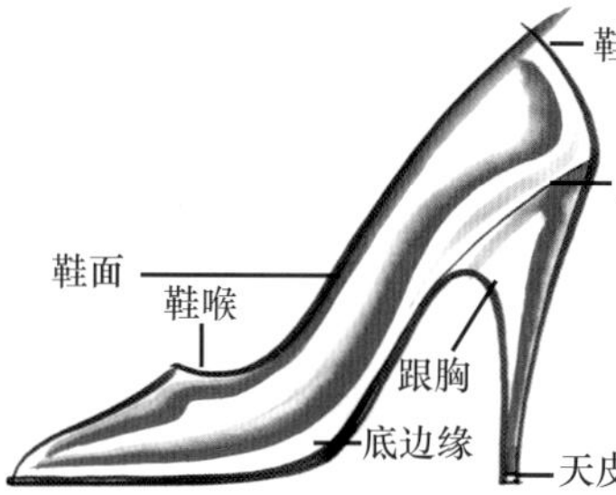

足弓：包裹足弓的鞋子中间部分的狭窄曲面。

跟胸：正对鞋跟的顶端，在足弓以下的部位。

领口：如同衬衣的领口环绕着脖子一样，鞋子的领口环绕着鞋的开口或顶端。通常用于有鞋带的鞋子。

鞋后踵：是一片坚硬的材料或皮革，环绕着鞋开口的足后跟处。有些鞋后踵隐藏在鞋面和内衬中间，但是有一些鞋后踵则以皮质的形式，甚至是不同的颜色，交叠在鞋的外面。鞋后踵的用途是加强韧性并保持鞋的形状。

鞋眼：鞋面上打的孔，以便让鞋带穿过。

鞋正面：一层覆盖脚正面的材料（通常是两片），用鞋带将它们绑起来。

底边缘：是鞋面边缘与鞋底相交的地方。

外后蹄：从后跟处包裹至鞋腰身。

鞋跟：在鞋的后部，是鞋底后部根据足底形状向上抬起的一部分。鞋跟的高度多种多样，通常根据它的形状或设计该款式的人名而命名。制作鞋跟的材质多种多样，包括木头、软木、合成材质和叠层皮革等。

天皮：加在女子高跟鞋跟处，用以接触地面的部分。

中底：位于鞋底和足部之间的一层材料。它可以增加舒适感，并且掩盖鞋帮和鞋底拼接缝合留下的接缝。

鞋带：鞋带由细绳、粗绳、皮革或合成材料所制成，用来把鞋绑紧至合脚状态。

内里：大多数的鞋都用内里来覆盖鞋面和鞋腰身的内侧。内里可以增强舒适感，提高温暖度并延长鞋子的寿命。

泡沫垫：一种放在鞋内支撑鞋子保持形状的轻型材料。

腰面鞋身：位于鞋面的后半部分，从鞋跟向前覆盖至鞋面。它实际上是鞋身的一部分，但也可以是鞋面延长的一部分。

跟座：这是鞋后跟的凹陷处，位于鞋底的后半部分。

楦腰：是隐藏在鞋底和鞋中底之间的支持材料，给鞋增强张力，并且给足部增强支持力。

鞋底：是鞋子的底部，垫于足底，接触地面的部位。

鞋喉：位于鞋尖以上的鞋面顶端处。

鞋尖：鞋头的最顶端。

鞋头：鞋面前端的区域。鞋头根据不同的款式，以多种多样的形式出现。

鞋尖罩：为了装饰或增强鞋头的韧性，覆盖在鞋头外的材料。它也可以起到保护的作用，例如在危险区域工作的工作靴上加金属鞋尖罩。

鞋舌：是一种皮衬片或鞋面延展的一部分，用来遮盖足面，为系鞋带增强舒适感，并且保护双脚不受天气的影响。

鞋跟接地部位：是鞋跟接触地面的部位。在英语中称为顶端，因为制鞋时是上下颠倒的，所以最底部就变成了最顶端。

鞋口：鞋面最顶端的边缘，通常有处理边缘的工艺。

鞋面：遮盖整个脚面的部分。它包含了两个主要部分：鞋面前片和腰面鞋身。

鞋面前片：是鞋面的正面部分，用来遮盖足的正面。鞋面前片延展至大脚趾交接处。

鞋腰：是联系脚背和足弓的一部分。

延条：是将鞋面与鞋底连接在一起的一个条状材料。

鞋子制作术语汇总

楦头是制鞋的第一步。它是一种用木头或塑料制成的鞋形的坚硬模具。根据不同时期的流行趋势，楦头有多种多样的鞋头和鞋跟高度。楦头的鞋跟高度对应着鞋子的鞋跟高度，在制鞋过程中是无法更改的。楦头尖的形状也非常重要，它决定了鞋尖的样子。楦头被用来撑住皮革，让其塑型成脚的形状。尽管一个楦头可以用来制造千百种不同的鞋子，但是一旦鞋跟的高度、鞋的尺码和宽度有所变化，就必须要用不同的楦头。鞋子的合脚度是根据楦头的形状和尺寸而来的。楦头的中间有一个折叶，可以轻易地折叠并从鞋中取出，不会对鞋子造成任何损伤。

后踵：是从足跟到后掌围的楦头的后半部分。

足掌围：是楦头足掌一圈的围度。

后中：是从后跟的中心至后踵中央接缝和后跟处。

前中：楦头的前中线是左右裁片结合的部分，也是前片的中心线。

锥：是楦头的鞋面与脚背的连接处。

鞋头前片：是从脚趾到足掌围的楦头前半部分。

跟高：是楦头脚跟的底部至地面的距离。

楦头：是一种坚硬的可形成鞋子最初样子的模型，工匠可将鞋子面料伸展开来包裹在其周围。它也决定了鞋子的最终形状。

跟座：是契合鞋跟的楦头的后半部分。

鞋尖高度：楦头顶点上翘，是允许脚掌前倾的角度。

楦腰：是楦头中间较窄的部分，这个部分关系到足弓和足背。这也是楦头可折叠并从鞋子中抽出的部位。

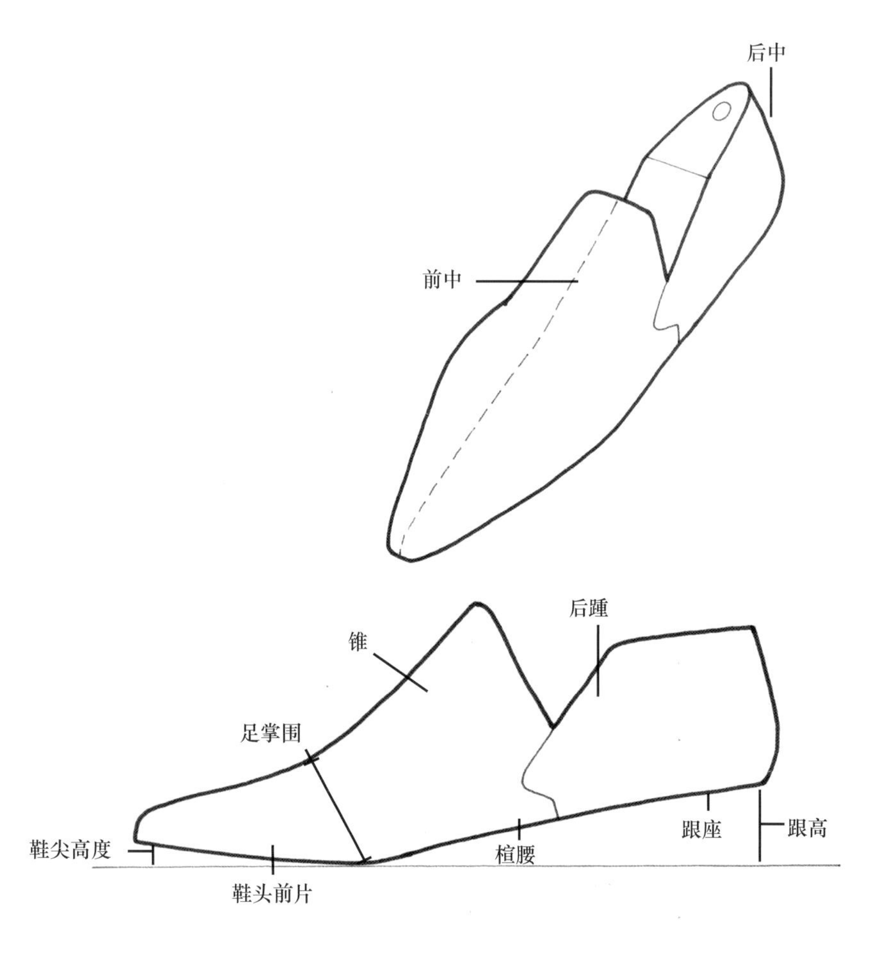

鞋头形状术语的汇总表

鞋头是最易操控和开创鞋履新时尚的部分。通常，鞋头的形状能够提高鞋子的辨识度，甚至有些鞋子根据鞋头的形状而命名。与鞋跟不同的是，鞋头无法过于夸张，因为鞋头必须履行它的职责——包裹着脚趾。这里列举的都是非常基本的鞋头形状的词汇。这些不同形状的鞋头引导着时尚潮流，并且已经成为鞋子设计的主要部位。然而，这些名字仅仅是基础，而设计师的创意是可以无限发挥的。这些鞋头的形状首先用黑色的勾线笔描绘轮廓，再用软刷和水彩上色。上色时水彩颜料遇到轮廓线，会轻微地溶解墨水使其深入水彩中，在边缘上形成阴影和曲线，同时将高光处留白。

侧面视角	俯视

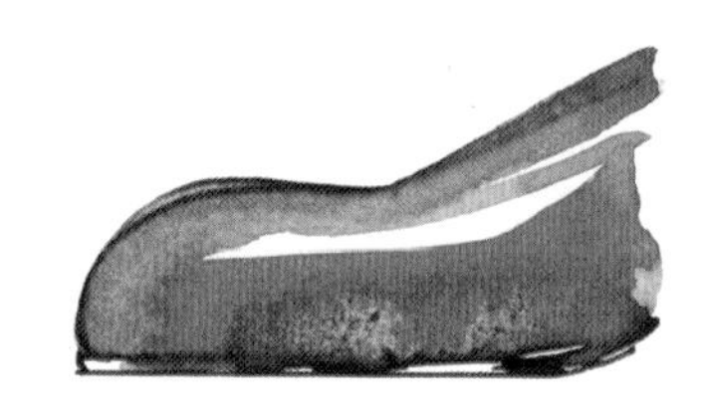
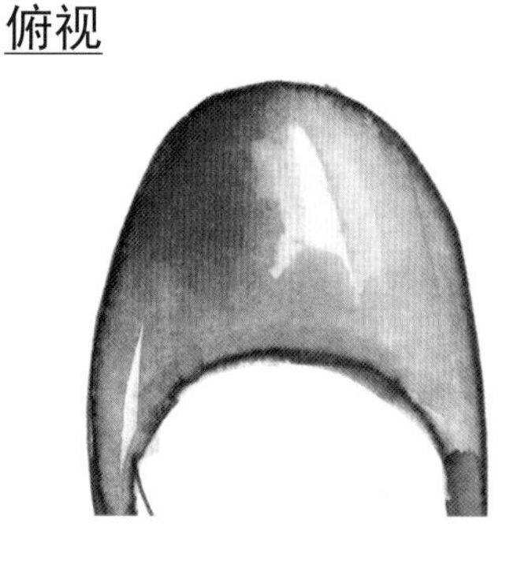

气泡式鞋头

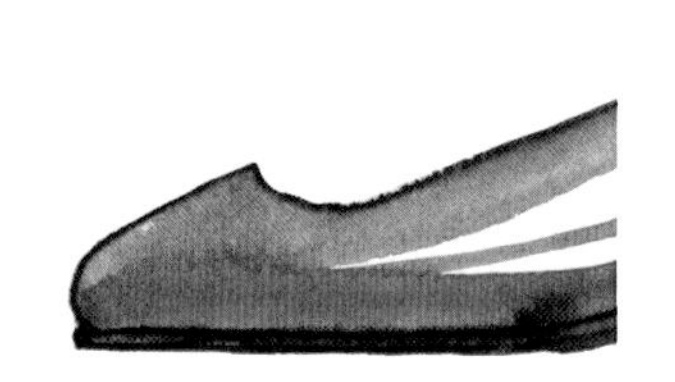
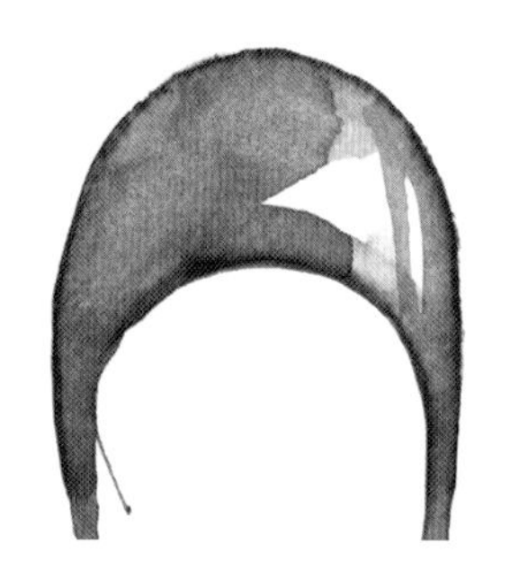

圆口扁头型

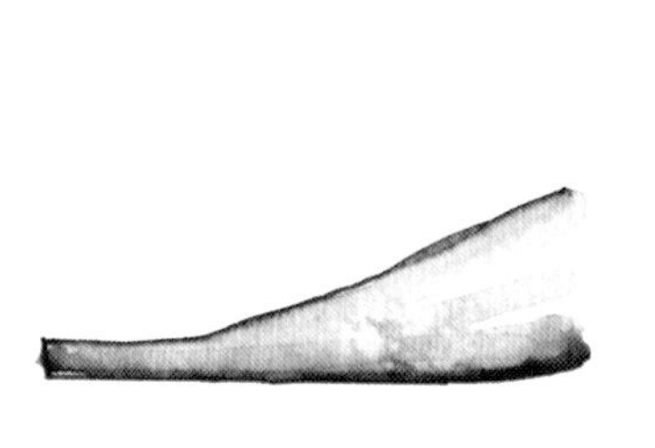
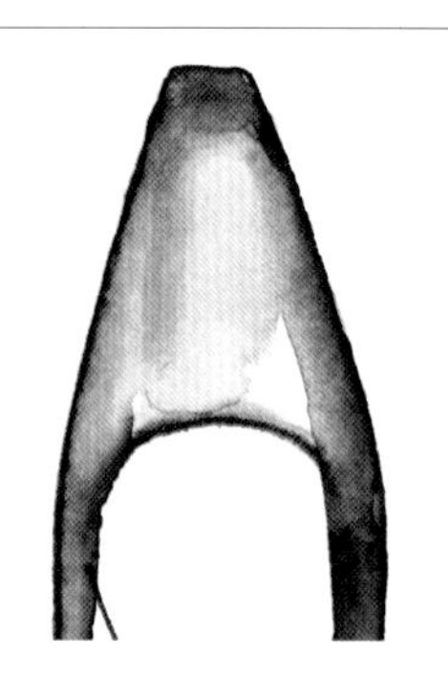

长凿型鞋头

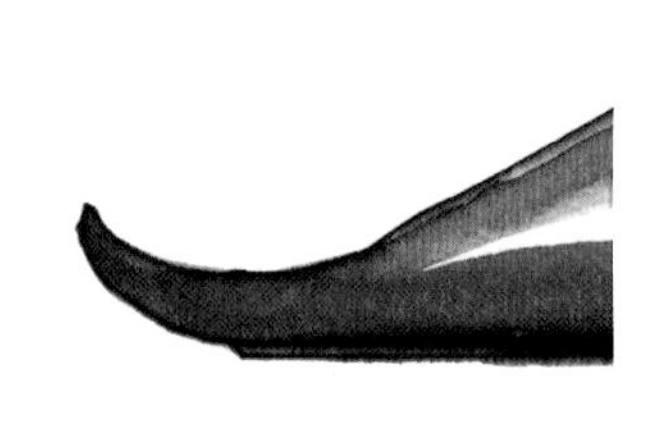

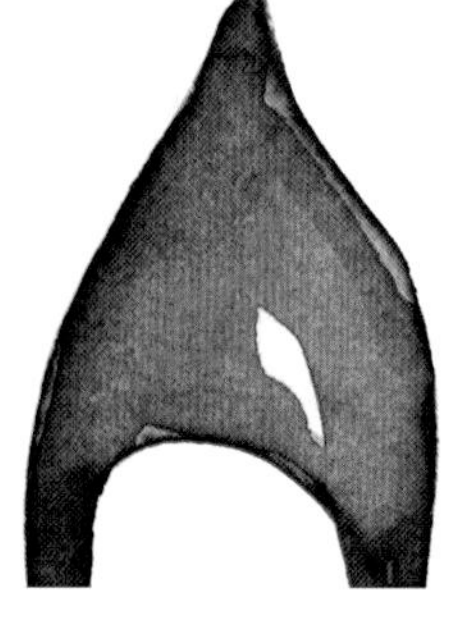

诺曼式鞋头

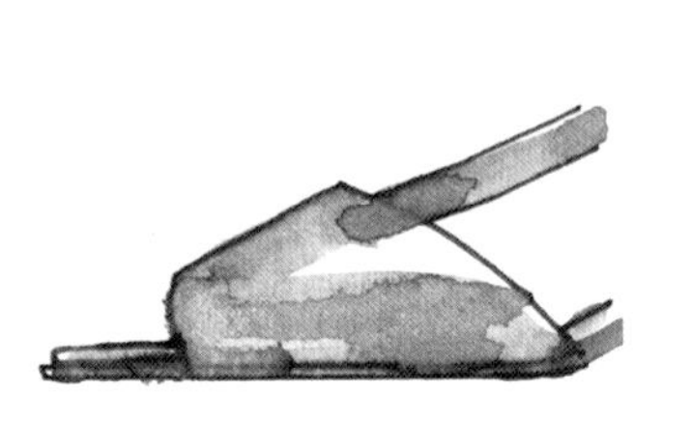
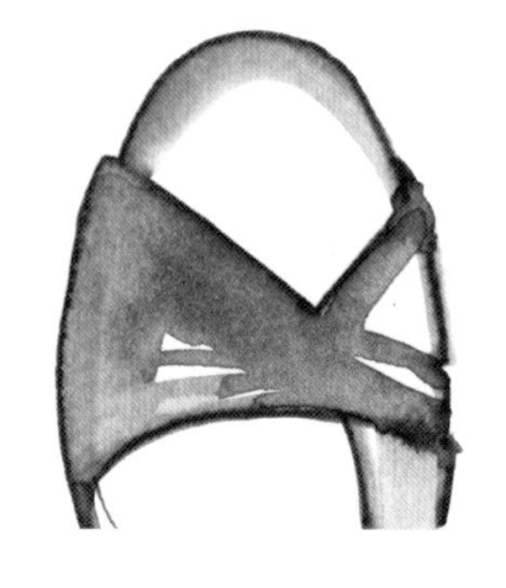

前空式鞋头

侧面视角　　　　　俯视

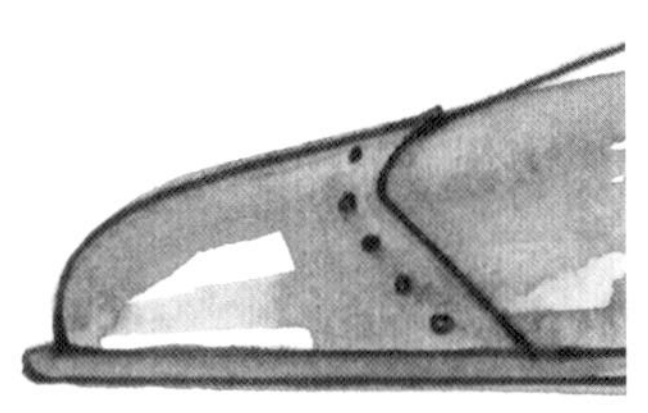
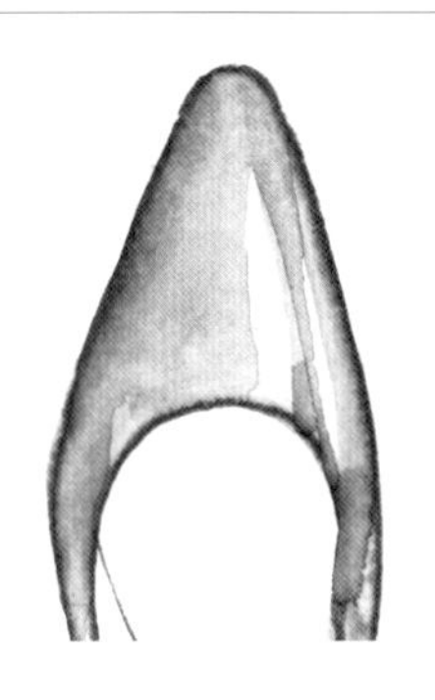

牛津鞋头

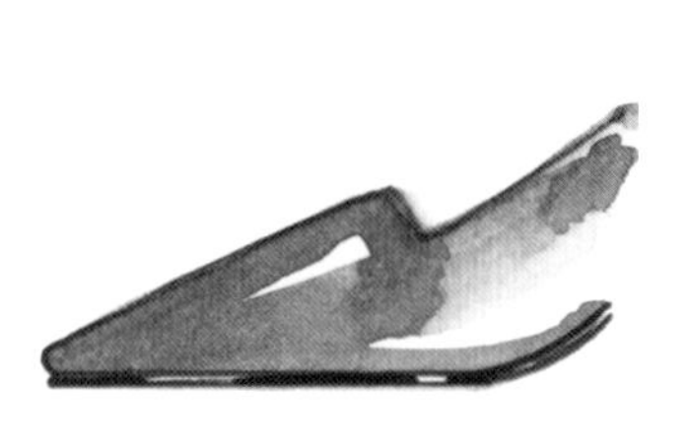
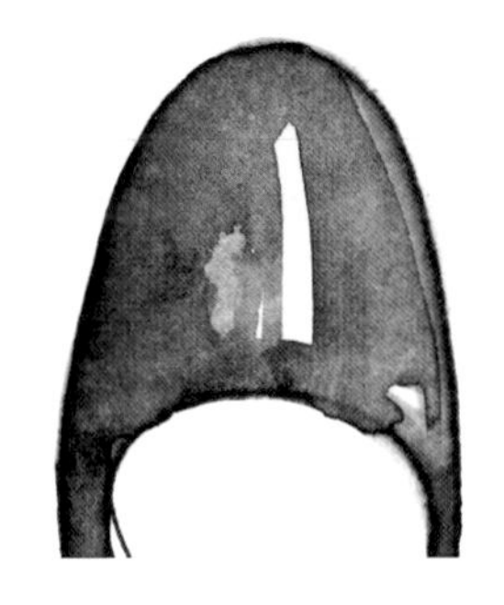

尖鞋头

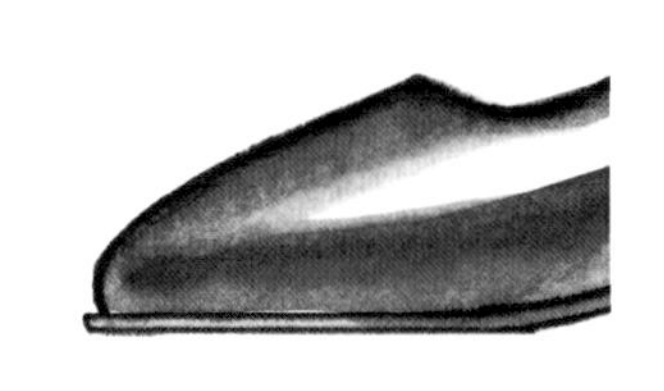
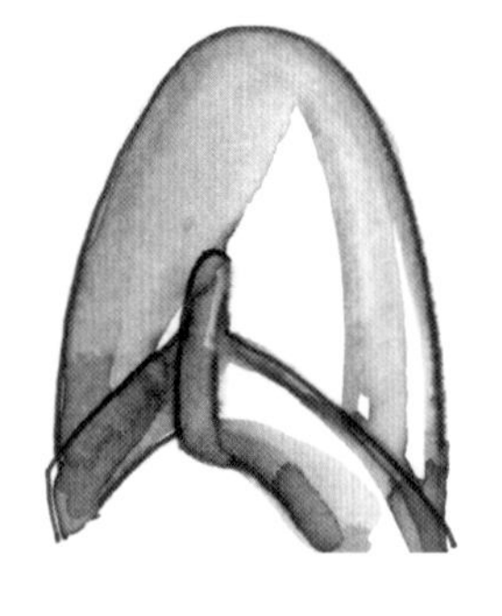

圆鞋头

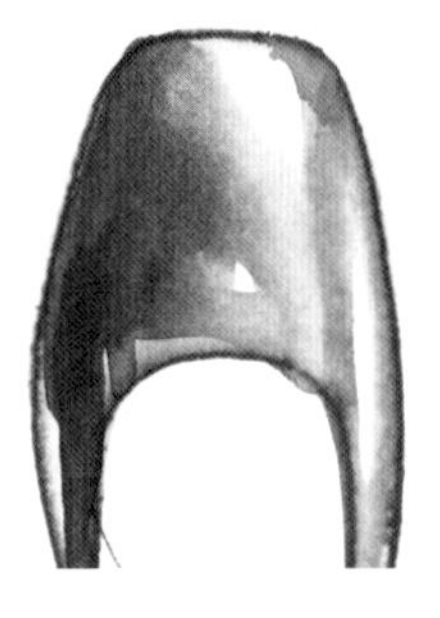

叉趾鞋头

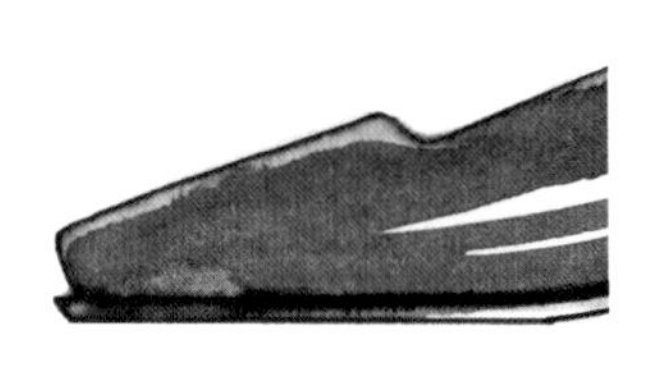

方鞋头

鞋跟形状术语的汇总表

除了鞋头以外，最能定义一只鞋外形的就是鞋跟。鞋跟是鞋子上独一无二、最具个性的部分，因为它不受鞋子形状的局限。这里列举的是非常基本的鞋跟的词汇，设计师可以根据这些基本的鞋跟形状进行无拘无束的遐想和创作。这些效果图先运用水性的蜻蜓笔（Tombow）绘画黑色的轮廓，然后用一支柔软的水彩刷轻轻溶解线条。

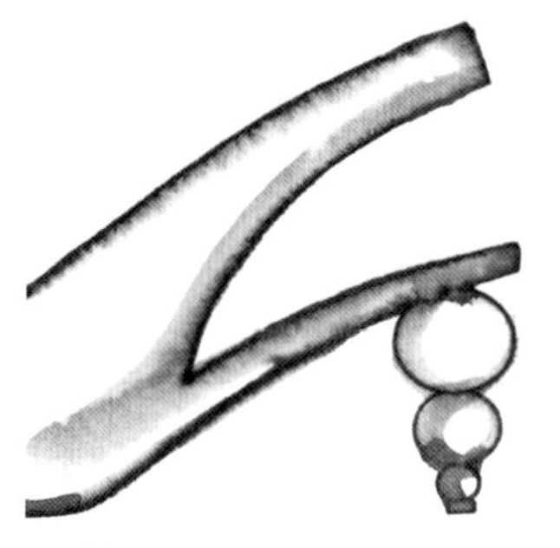

球形鞋跟

冲孔鞋跟

矮粗鞋跟

超高鞋跟

梯形矮粗鞋跟

细腰鞋跟

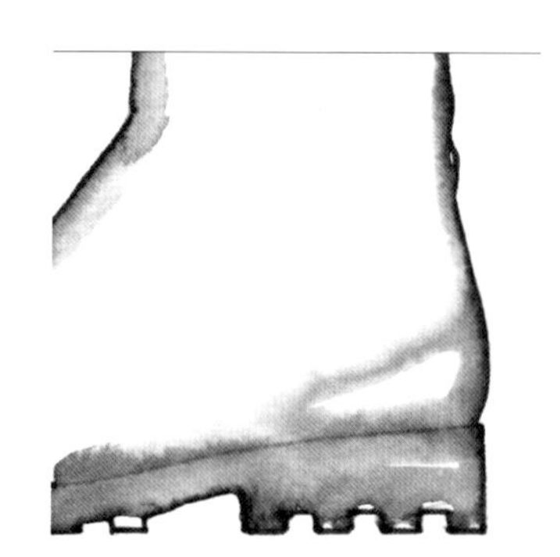

花纹鞋跟

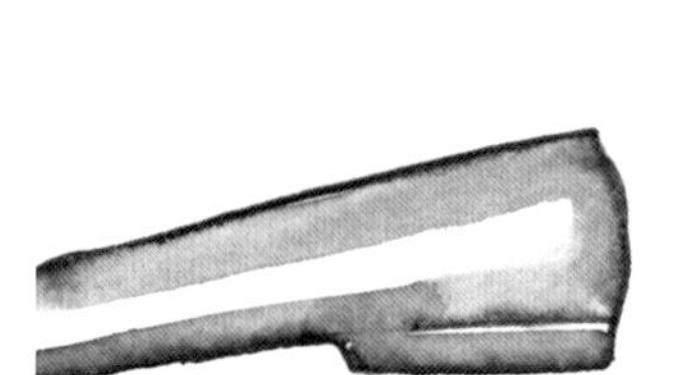

平底鞋跟

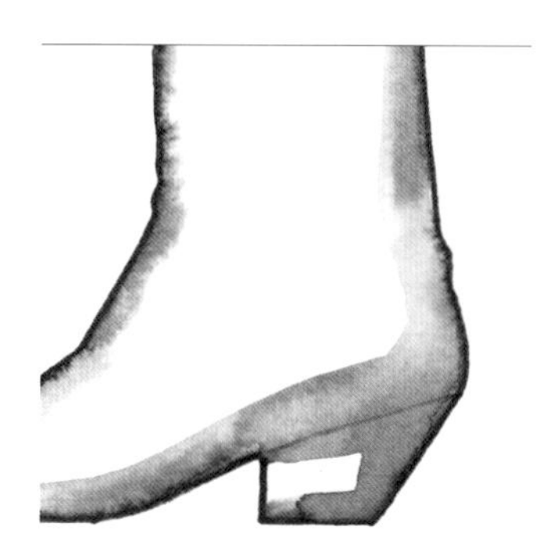

牛仔鞋跟

奶奶/维多利亚式鞋跟

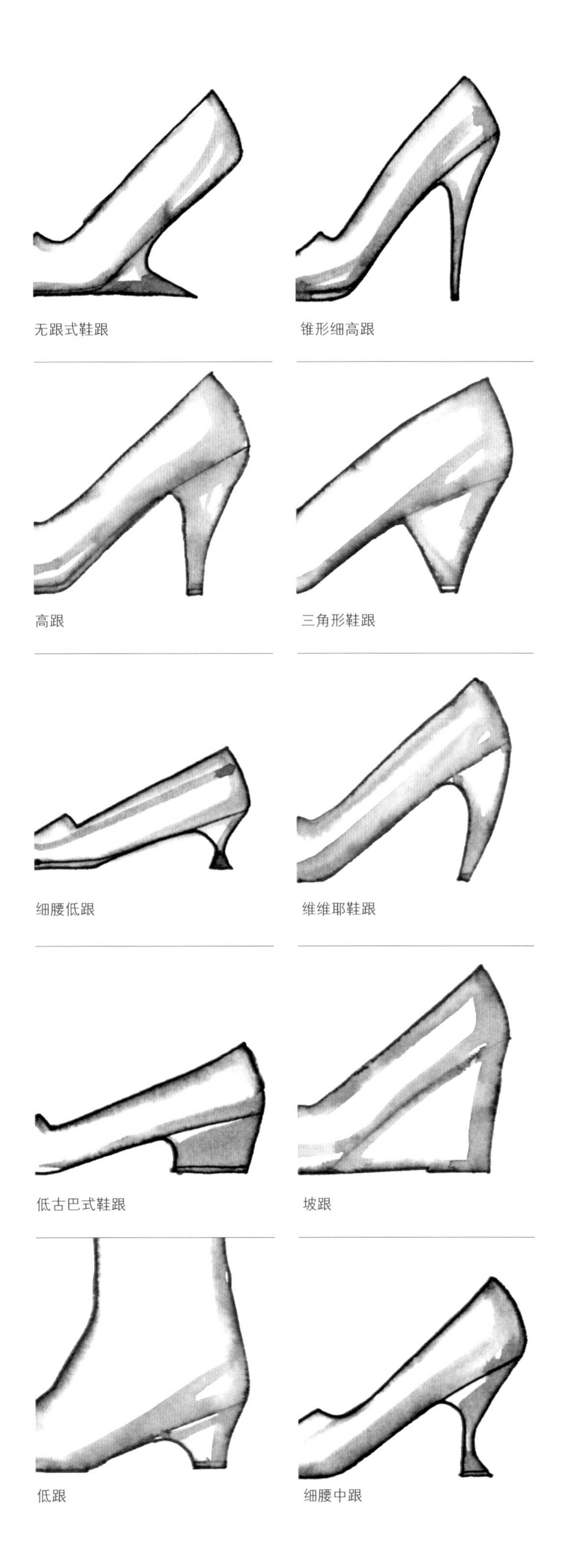
无跟式鞋跟
锥形细高跟
高跟
三角形鞋跟
细腰低跟
维维耶鞋跟
低古巴式鞋跟
坡跟
低跟
细腰中跟

鞋子形状术语的汇总表

在本节中将鞋子的形状汇总起来是为了展示一些最常见鞋子的名称。鞋子的名称非常多，有时一种鞋子的名字甚至组合了几种鞋子的名称。还有一些鞋子的名称有所改动。这些效果图是用液态浓缩水彩颜料绘制，再在颜料干燥以后用湿润的笔刷绘画高光。最后用一支黑色的勾线笔勾勒轮廓。

踝带式鞋

麻底布鞋

外耳式/牛津鞋

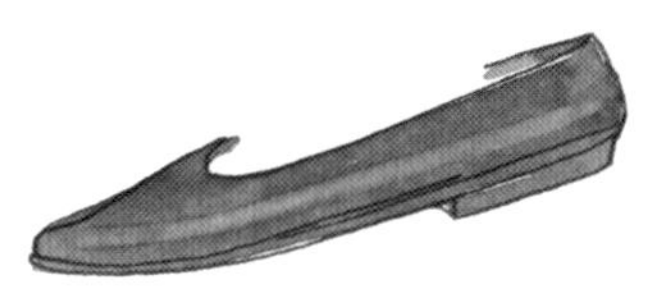

平底鞋

甲板鞋

高帮鞋

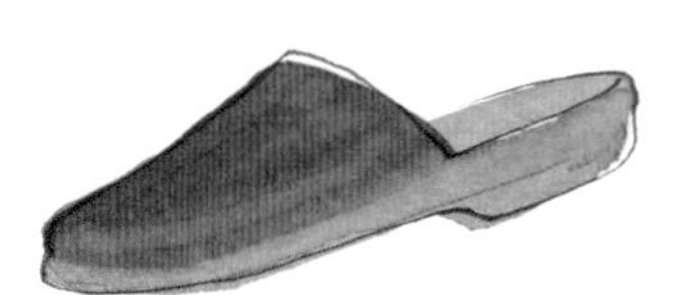

木屐

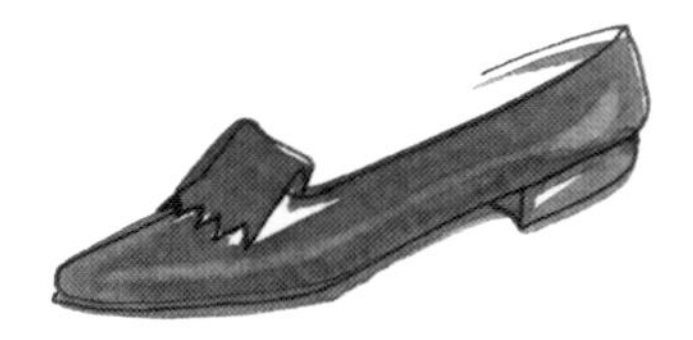

花样长舌鞋

晚装款式高跟凉鞋

鹿皮软皮鞋

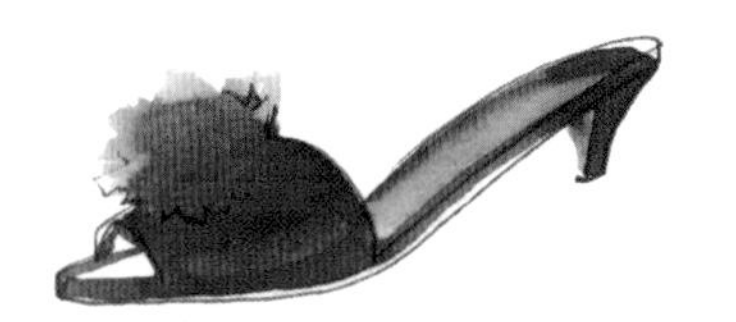

室内女拖鞋

滑板鞋

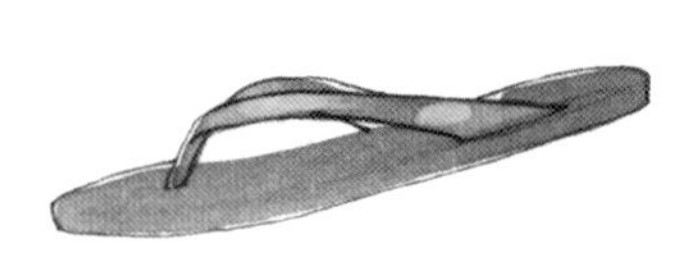

叉趾拖鞋

前空式鞋

后空式鞋

楔形鞋

一带式坡跟鞋

带式凉鞋

船鞋

观赛鞋

牛津鞋

T形带式鞋

靴子形状术语的汇总表

以下靴子形状术语的汇总表将向你展现鞋业制造中常见的靴跟形状和靴子的高度。虽然靴子的高度有许多细微的变化，但是它们基本的称呼不变。以下展示的效果图是运用液态浓缩水彩在水彩纸上绘制的。在底色干燥之后，作者用湿润的笔刷在一些靴子上点缀一些微妙的细节。

登山靴

赛车靴

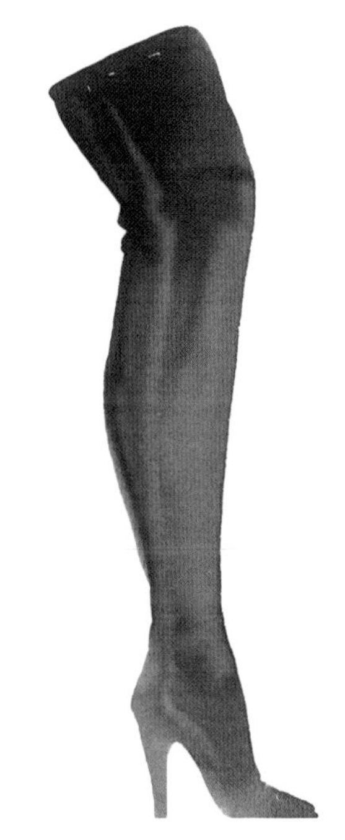

超高筒靴

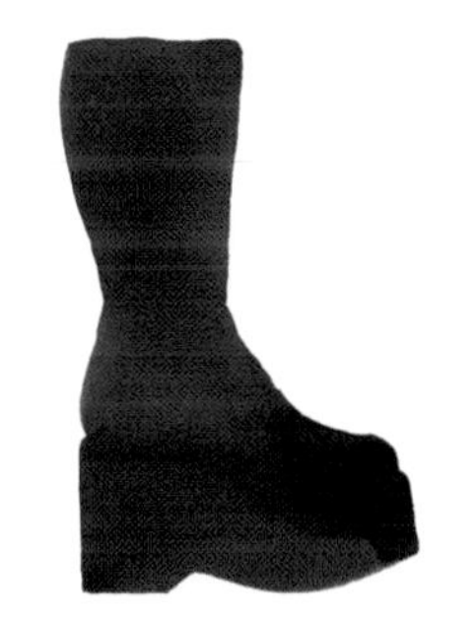

厚底靴

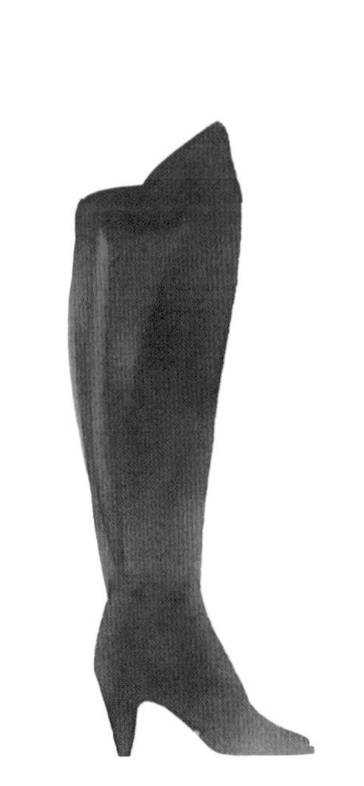

高筒靴

雨靴

雪地靴

北美防寒靴

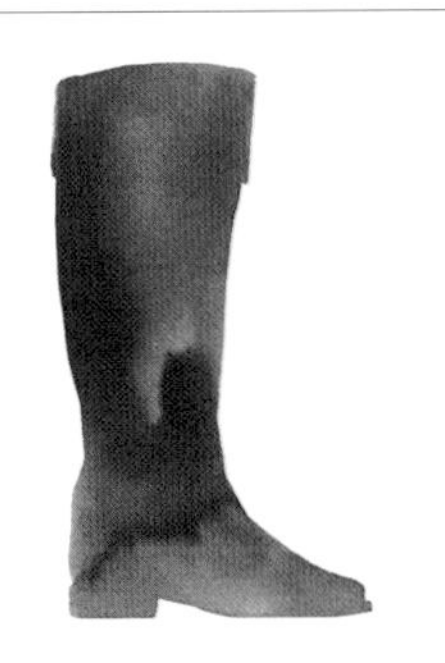

马靴

工作靴

第三章 女式帽子

几个世纪以来，头饰所扮演的角色远远不止是保暖和保护头部的工具，它更是人在社交场合中身份与地位的象征。它的神奇之处在于，同一套衣服如果搭配不同的帽子，可以适合不同的场合，并给人完全不同的感受。如今，雕塑装饰已经融入了头饰领域，最流行的时尚和个人风格都可以通过头饰来体现。本章的内容既包括基本的常用头饰，又涵盖了最新潮前卫的头饰。

佩戴中帽子的画法介绍

在绘画帽子时，时刻记住帽子与头部的互动是非常重要的。同时，比例、角度与对称性都是评判帽子画得好与坏的重要因素。由于同样的帽子有不同的戴法，因此你需要根据所创作人物的性格，找到合适的表达方式。

从正面的视角看来，帽子的顶部稍稍高于头骨（红线所示），帽边穿过前额眉毛以上的位置（蓝线）。这个视角的脸部和帽子的比例是左右对称的。在某些情况下，你需要考虑到头发的体积（实际的尺寸大约是头部两侧各留5毫米的空间）。在侧面的视角中，帽子的正面紧贴前额，帽子后面与后脑之间留有一定空隙（红线所示）。这样的处理方式可以避免让帽子悬空在头上。同时你需要留心帽子后面的角度。一般情况下帽子正面的接触点在眉骨上方，后面的接触点在耳朵上方的头骨处（蓝线所示）。

请注意帽子的高度要高于头顶（粉红线所示）。并且帽顶的凹陷不能低于头盖骨顶的位置。在绘制大檐帽子时，请用透视线完成被头部或颈部遮住的那部分帽檐（黄线所示）。尽管在最终的作品中这部分的帽檐会被擦去，但是在最初的草稿中将整个帽檐完整地表达出来是非常好的习惯。让帽檐呈现出一定的弧度，避免平的或形状奇怪的帽檐。

在四分之三的视角中，最重要的就是让帽子的中心线与头部的中心线在同一位置上（绿线所示）。一旦找到正确的中心线，就可以准确地划分帽子的左右两边。

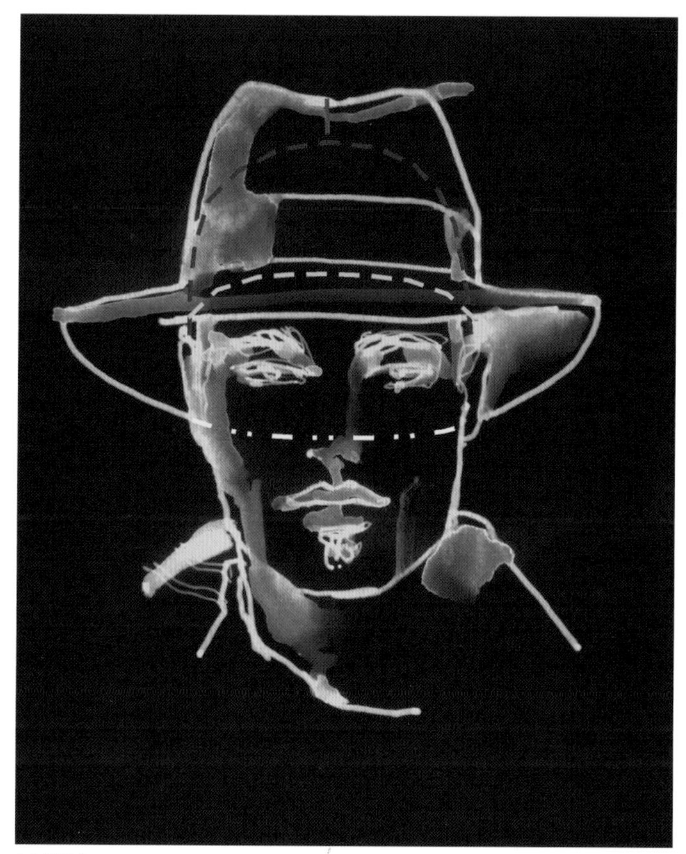

正面视角

侧面视角

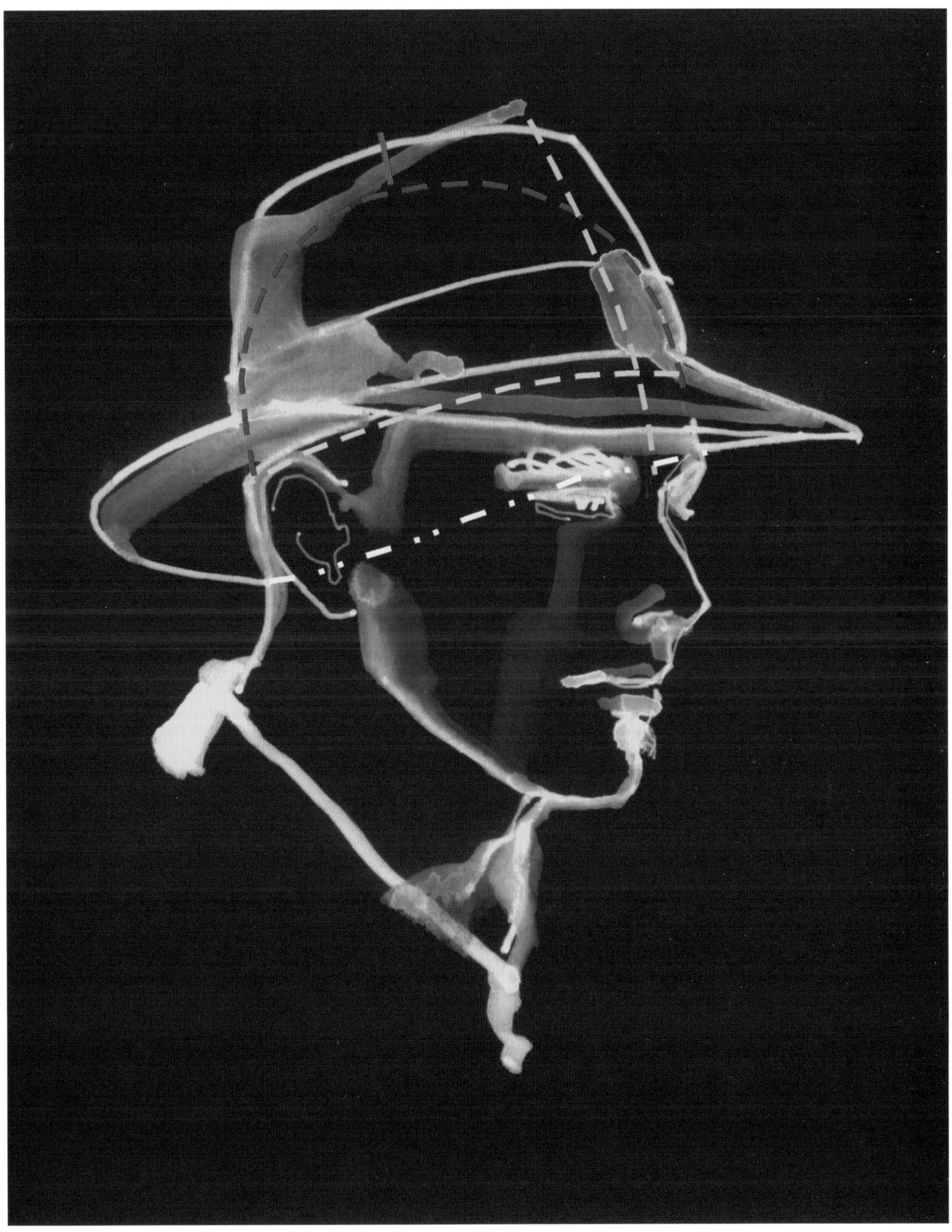
四分之三视角

这一幅作品的作者是文森特（Vincent），他用丙烯颜料作画，精彩的笔触让帽子和暖手笼上的裘皮栩栩如生。

头部不同视角的模板

以下的头部模板旨在向你提供一个绘画帽子的基础。画面上给出的基准线可以避免一些常见的透视错误。

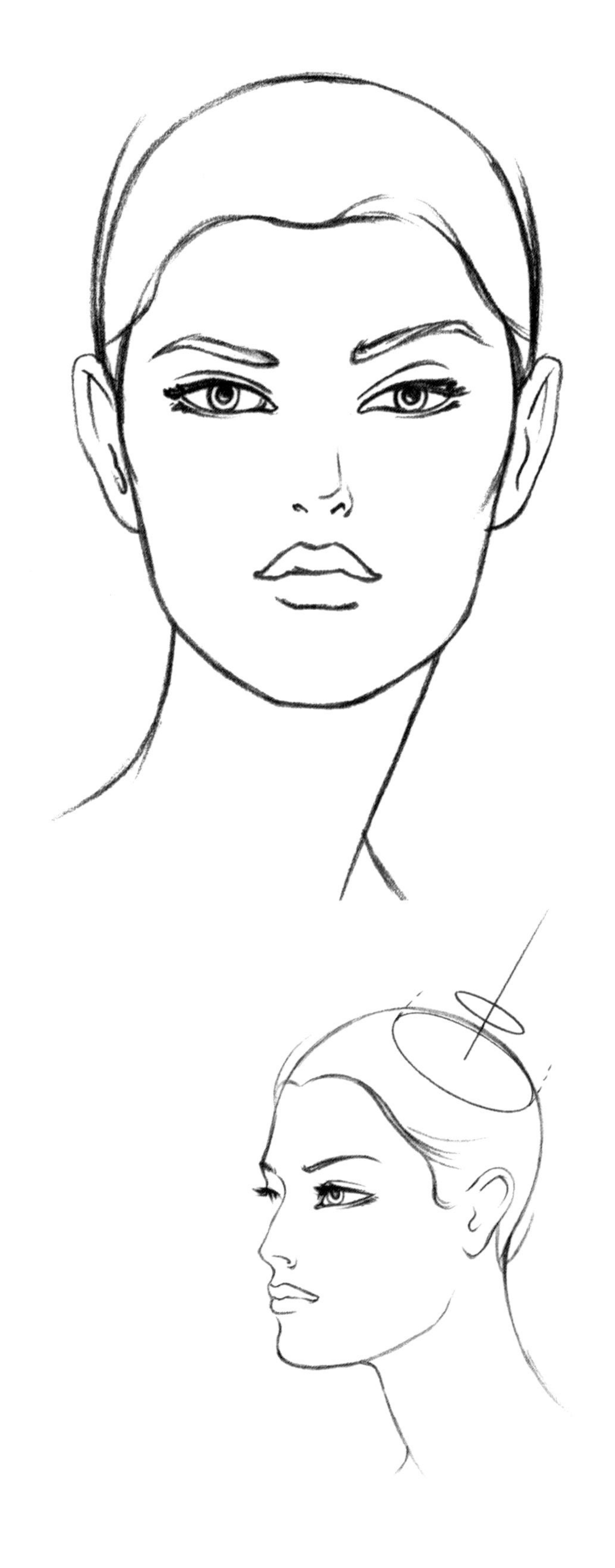

视线朝右的四分之三视角

这幅头部的模板已经画好了一个装饰帽子的基础形状。红色的基准线表示了帽冠的中心线。你可以注意到，当椭圆形的透视越靠近视平线，椭圆的形状就越扁平；当透视逐渐朝上或朝下地远离视平线时，椭圆的形状就越圆。同时需要注意的是，即使是平贴头皮的发髻头型也会给头部增加12毫米的厚度。

视线朝左的四分之三视角

这幅头部的模板画好了大檐帽的基准线。请注意帽子上的曲线——帽边、帽带和帽冠的曲线应当遵从同一透视线。

背面的四分之三视角

在任何时装画中，视角的选择通常是根据需要展现的物体来决定。这个背面的视角用来展示侧面或背面有独特装饰的帽子。绿色缎带的位置同时也是测量头围的位置。

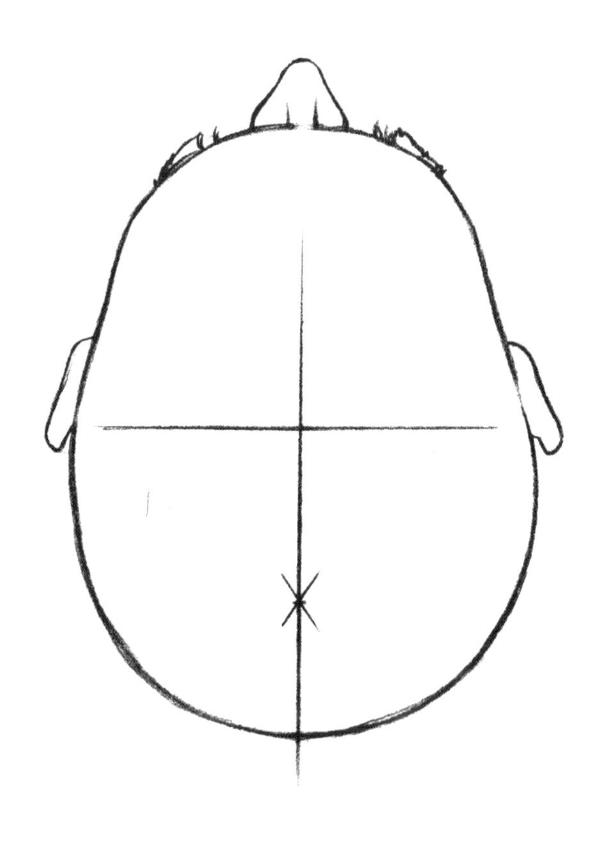

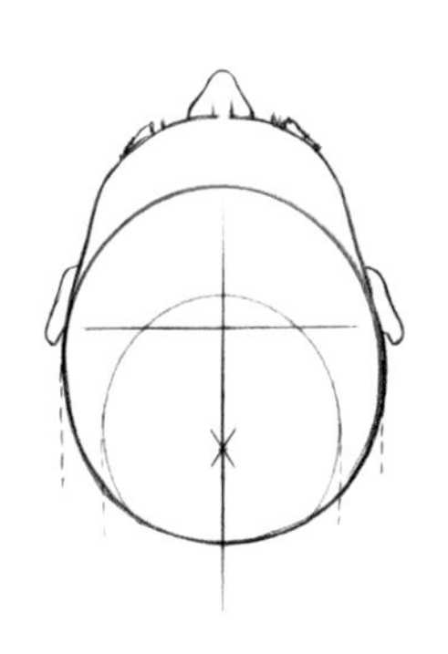

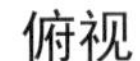

俯视

当你需要将帽子顶端的设计元素更好地展现出来时，就要用到俯视视角。“×”记号所处的位置是帽冠的正中心。请注意帽子的后半部分随着头骨的弧度消失于后脑，这是大多数帽子戴在头上的位置。

正面四分之三视角

作者用两顶相似的帽子表现了两种不同的角度：仰视（蓝线）和俯视（红线）。两顶帽子的中心线都被强调出来，以保证正确的透视视角与帽子的佩戴方向。你可以看到，帽子的两边都为头发留出了空间。仰视角的帽子在帽冠上需要为头顶留出更多的空间。并且，当帽冠往后倾时，帽顶的弧度会增加。

男式帽子的模板

以下的两个男性头部的模板最常用于陈列男性帽子。侧视图中的基准线（红色所示）同样也是测量头围的位置。即使这两个角度都接近平视，但是帽边依旧呈现出微微的弧线。在正面的视角中请注意帽檐呈现出的弧度。当帽子向上抬起时，帽檐的弧度会往上增加。

连帽衫是非常常见的。在绘画时，你需要为帽子内留下足够的空间用来容纳头部。但是同时你需要注意，帽子是搭在头顶上的，而不是像头盔一样悬空着。

面料纹理的画法

用来制作帽子的材料多种多样。以下展示的效果图中包含了你将会遇到的常见材料和纹理。

皮革帽

皮革帽效果图清晰地显示出了这种材料的结构和质地。皮革的感觉通过硬挺的面料和厚重干脆的线条表现出来。柔软和明亮的高光也表现了皮革的特性。

轻薄钟形帽

轻薄钟形女帽用彩铅绘制，然后用马克笔在纸的背面上色完成。不同层次的面料边缘最能体现轻薄的效果。同时，透明的绘画工具例如马克笔或彩铅，也可以表现不同的层次。

粗花呢帽

在这幅用水彩绘制的粗花呢帽的效果图中，重点集中在织物的节点和粗糙的特性。接缝的线条说明这是一顶多片缝合的帽子。白色（高光）区域被留白，让作品简洁明快并有立体感。

草编帽

草编帽是用一种类似麦秆的材料制作，它有多种纹理、尺寸和颜色。由于麦秆极佳的柔韧性，这种材料通常被用来制作帽子。这一幅古典风格的蜡笔画展示了紧实的草编面料和花朵装饰。

棉雨帽

这幅棉雨帽的效果图是用水彩绘制的，亮面被作者留白，更好地展现了立体感。接缝处的褶皱生动地显示出面料轻柔松软而又富有张力的特点。

裘皮帽

这一顶无边裘皮帽的效果图运用了压缩炭笔，目的是让帽子的质地显得柔软，表面纹理模糊。捕捉外轮廓的线条比刻画内部细节更重要。帽子内部运用渐变的处理方式给人一种厚实感和立体感。

针织帽

这是一幅运用水彩和软头刷子绘画的针织帽的效果图。首先完成帽子和脸部，然后再绘制帽子上的绞花图案。在帽子颜色最深的部位加入阴影，可以增加立体感。用水彩颜料绘制裘皮帽边时，可以将纸张浸湿，让颜料自由地流动渗透。

草编太阳帽

这顶由伊娅·拉多萨维尔耶维奇（Eia Radosavljevic）设计的草编太阳帽先用黑色铅笔绘制，然后运用些许的水彩使其更加出彩。你只需要画出简略的编织图案就能极好地表达草编的效果。

羊毛贝雷帽

这顶羊毛贝雷帽的效果图是水彩和彩色铅笔结合的结果。作者用概括而又精彩的颜色上色之后，再用铅笔勾勒轮廓线并增加纹理。

天鹅绒包头巾

作者在绘画这幅天鹅绒包头巾的作品时，首先用一支小棍和印度墨水表现奇异的感觉。然后再用粗条状的蜡笔增添纹理感。最后用长条蜡笔加深暗面的色彩，增加帽子的立体感。

倒模帽子和缝合帽子的画法

倒模帽子

倒模帽子是通过帽模型制作的（详见帽子组成部分的术语汇总，第92页）。毛毡、草编织物和西纳梅麻布是最常见的倒模帽子的材料。倒模帽子的最大优点是它没有接缝。工匠将帽模型倒转过来，将面料拉伸并裹住模型，再分别运用别针、钉子和烫压的技法固定面料。接着通过汽蒸、润湿和整烫的工序，直至帽子完全干燥成型。一些极具创意的帽子可以通过这种制作方法完成。

这顶配有小玻璃珠饰的倒模毛毡帽是由伊娅·拉多萨维尔耶维奇设计的，作者运用了柔软的石墨铅笔在康颂（Canson）马克纸上绘画该效果图。在绘画时，作者尽量少地用手指擦拭画面，使纹理清晰可见，更好地表现毛毡的质地。接着，用黑色的永久勾线笔勾勒玻璃珠饰的外轮廓，再用浓烈的黑色加强暗面，并结合40%和60%灰度的马克笔，用点彩的手法进一步加强玻璃珠的深邃感。最后，用白漆点缀珠饰的高光，加强玻璃肌理的反射效果。脸部尽量被省略，使帽子成为视线的焦点。

缝合帽子

如同衣服一样，缝合帽子由帽片缝合在一起。缝合帽子与倒模帽子最大的区别是它具有缝合线。缝合线需要在效果图中表现出来，让人们了解设计师的想法，并向客户阐述帽子的结构。

这项由诺玛·卡玛丽（Norma Kamali）设计的带有围巾的棉质帽子，是用可溶性黑色勾线笔绘制，然后用传统水彩上色。待颜料干燥以后，再勾勒出接缝的细节。这种运用水彩的技法更像是用画笔勾勒线条，而不是大面积涂色。你可以观察到，帽冠的线条延续了前额的线条，保证了帽子的尺寸看上去正合适。同时，帽子的中线正好是脸部的中线。

羽毛的画法

羽毛拥有让人惊艳的图案和色彩，是女帽里最常见的装饰。绘画羽毛的最难之处在于要将羽毛和裘皮区分开来。作画时需要细心地描绘羽毛的纹理并抓住外轮廓的美感。示例效果图中用黑白墨水表现的鸵鸟羽毛帽的羽毛有别于孔雀羽毛或野鸡羽毛。以下展示了用不同的技法表现不同种类的羽毛，分别赋予它们独特的个性。

这顶鸵鸟羽毛帽子是由女帽设计师伊娅·拉多萨维尔耶维奇设计的，羽毛体积的浓密感和轻盈感被巧妙地体现出来，同时也很好地展现了帽子与身体的比例关系。这幅画使用的工具是黑色的印度墨水和圆头的水彩刷。画面上羽毛有很大一分部只有轮廓，并无中间的细节。这种技法非常醒目，又无需过多的工作量。

野鸡羽毛

这些野鸡羽毛运用水彩上色，使用极其严谨干净的绘画技法绘制羽毛上的细节。

复古羽毛

这一组羽毛是用黑色的蜡笔绘制的。在勾勒出大致的轮廓之后，用一支4B的炭笔勾画羽毛的纹理细节。这种技法适合绘画柔软的羽毛，因为这样不仅可以绘制出羽毛蓬松柔软的感觉，而且还可以控制羽毛的形状。用蓝色和洋红色作为反光色，使黑色的羽毛不再过于沉闷。

野鸟羽毛

首先将水彩涂抹到湿润的纸上，待颜料干燥以后再用深色的颜料加深羽毛的茎，以强调羽毛的结构。待这一步骤的颜料干燥之后，用一支大头的笔刷和清水湿润画面，使羽毛的边缘显得柔软。最后点缀一些蓬松的绒毛细节，使整组羽毛显得更加柔软轻盈。

蝴蝶结的画法

蝴蝶结可以用于任何类型的服装配饰中。而绘画蝴蝶结最重要的就是赋予它“生命力”。

这顶灰色帽子的装饰是由黑色的波斯缎带和蝴蝶结组成。帽子用灰色的蜡笔绘制，蝴蝶结则运用了4B的炭笔、压缩炭笔和40%的暖灰度马克笔绘制。马克笔的运用使缎带与帽子有了明显的区分。

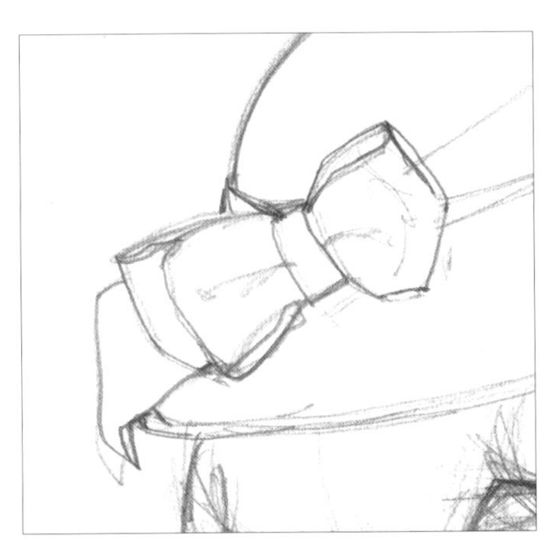

步骤1

首先绘画草稿，注意保持蝴蝶结的边缘圆润饱满。扎蝴蝶结的时候会产生一定扭曲，因此你可以看到一侧的顶端和另一侧的底端。同时，“结”的部位会产生一道褶，这表明缎带在此处被挤压。

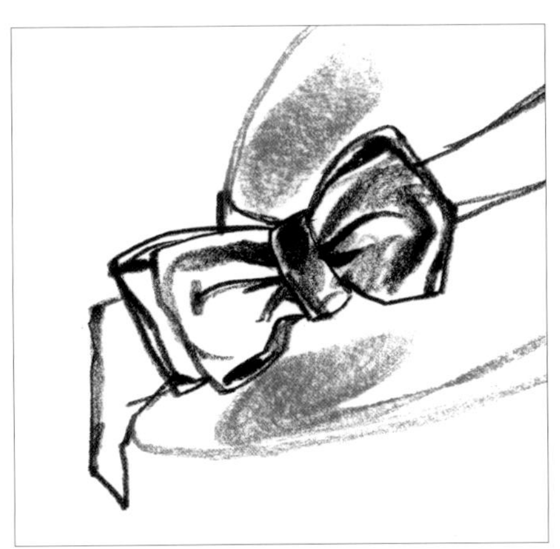

步骤2

用不同笔触的线条勾勒蝴蝶结的外轮廓可以赋予它生动的形象。然后在面料褶皱和蝴蝶结的暗面粗略地画出阴影和反光。注意要把蝴蝶结两端的褶皱放在中间显眼的位置。

步骤3

接着绘画上面的图案和肌理。缎带上的水波纹反射了深色和亮色。用马克笔在纸的背面上色之后，再用高硬度的白色蜡笔绘制高光，增强立体感。作者在绘画帽子时，除了少量的擦拭以外，保留了大部分的蜡笔呈现在画纸上的自然色调，使帽子的毛毡质感清晰展现。

缎带的画法

绘画缎带或帽带时需要赋予它们生命力。尽量避免让它们显得无力、沉闷和僵硬。

这顶软毡帽是用蜡笔在黑色的纸上完成的。首先用手指将底色涂抹在纸上，然后用黑色的炭笔勾勒轮廓，最后用蜡笔描绘细节。这幅生动的画作可以作为出版物的插图或者细节不多的设计稿。当帽子低于或高于视平线时，帽子缎带的弧度会增加。这适用于所有的透视原理——当物体高于或低于视平线时，物体的弧度会增加。

步骤1

在这幅具有传统风格的绘画中，用厚实的绒面绸缎当做丝带，增大了帽子边缘的体积。精致的线条在这里变成了焦点，为丝带和帽子平添几分生动和趣味。脸上的阴影立刻区分了面部与帽子间的层次。请注意丝带呈曲线环绕帽子，与帽子边缘保持一致。

步骤2

用浓缩水彩颜料为帽子和丝带上色，并加深暗面的颜色，形成立体感。

步骤3

待所有的颜料干燥以后，用一支小的笔刷加强阴影的颜色，使帽子的立体感更加强烈。然后用白漆刻画丝带高光和刺绣细节，在高光处涂较厚的颜料。这些都是简单快速的技法，能够向客户快速传递绘画者的设计理念。

小饰物、水果和花朵的画法

在绘画帽子上的小饰物，如水果、花朵或一些独特的贴花时，你需要将这些小饰物放在最显眼的位置。无论是何种饰物都需要被生动优美地表现出来。

这幅设计作品完全是由全天然的材料制成的。用浓缩水彩完成上色，让画面明亮奔放。

步骤1

画中的这顶夸张的花卉头饰是由伊娅·拉多萨维尔耶维奇设计的，首先用浅色的线条勾勒外轮廓，并为背景上色。这样做的目的是为了忽略五官，把视线都集中在帽子上。

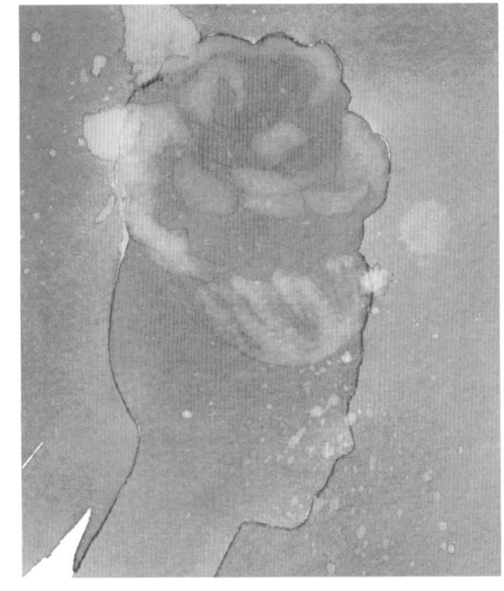

步骤2

待背景颜色干燥以后，在面部区域运用柔和的粉色上色。等面部的颜色干燥以后，在画面上滴几滴清水，使其具有水滴的质感。接着再用一支潮湿的笔刷抹去花卉上亮面的颜色，开始营造立体感。

步骤3

待颜料干燥以后，开始上最后的色彩。在花卉颜色最深的位置滴一滴浓烈的深色，然后用清水将颜料晕开。接着用防渗透的白颜料描绘高光，并用柔软湿润的刷子将其与深色颜料混合。等整幅画面干燥以后，用一支6B铅笔轻轻画出纱网，然后用一支0号的水彩笔刷绘制纱网。

这幅意境深邃的作品是由斯蒂娜·佩尔森（Stina Persson）绘制的，独具匠心地采用强烈的色块对比的方法表现帽子，而不是用传统的方式描绘细节。

纱网的画法

纱网和面纱可以增加头饰的神秘感。纱网的形式多种多样，小的纱网可以是鸡尾酒杯形状的帽子上的一块俏皮的装饰，大的纱网可以遮盖整个面部；有的是网眼大的网状面纱，有的是用极细的丝绸薄纱制作的婚礼头纱。准确地抓住纱网的特征非常重要。纱网轻薄，因此很容易破裂，有些纱网非常柔软，有些则具有韧性。

这幅效果图是用血红色的铅笔在牛皮质感的布里斯托卡纸上完成的。并不是所有的纱网都能被描绘出来，有的纱网过于密集地遮住面部而不好绘画出来。这幅画的原作很大，所以纱网的角度和尺寸无需底稿就能被精确地描绘出来。

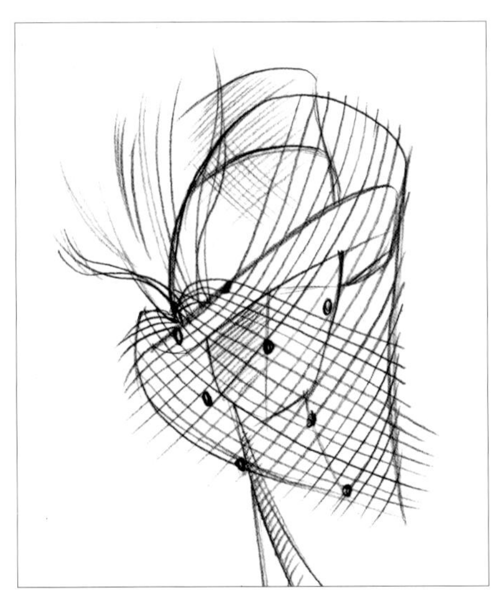

步骤1

首先绘画帽子的草稿，可以先确立恰当的比例和平衡度，然后再安排纱网的角度。用线条表明纱网在何处被束起，但又无需过多地考虑每一根线条的角度。这顶由伊娅·拉多萨维尔耶维奇设计的帽子含有两种不同的纱网：一种是围绕着帽冠的橙色细网眼马毛纱网，还有一种是遮盖面部的黑色纱网（俗称“鸟笼”）。

步骤2

在这个步骤中绘制帽子上所有的细节。这幅作品是使用彩铅绘制的。深色的彩铅被用来刻画阴影部分，避免了繁复的大量工作。同时请注意，帽子边缘所处的直线与头部边缘所处的直线是平行的，这样能带给人视觉上的协调感。在高光部分的涂色要轻柔一些，这样即使外层有纱网遮盖也可以表现出明显的立体感。

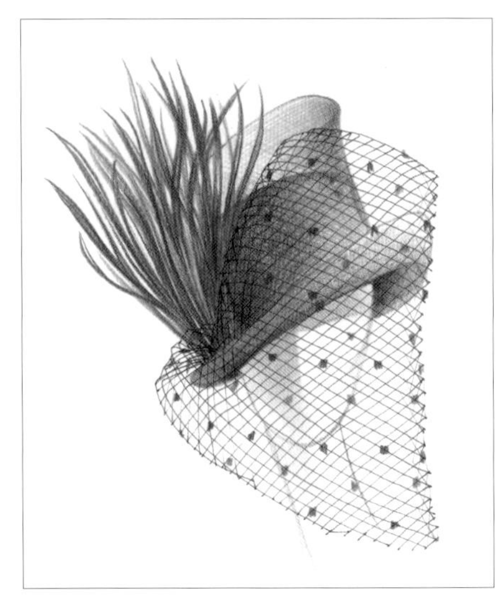

步骤3

在完成了帽子以后，开始绘制纱网。此纱网有着柔韧的筋骨，和帽子形成强烈对比。用细头的马克笔或者坚硬的尖头彩铅绘画纱网，可以表现出纱网的柔软。完成纱网之后，用一支柔软的彩色铅笔绘画纱网上的彩色节点，注意将节点均匀对称地分布。在处理浅色或质地更轻柔松软的纱网时，你可以用坚硬的铅笔制造出断断续续的轻柔的线条，以产生纤细脆弱的质感。

帽子组成部分的术语汇总

这里列举的是一些最基本的关于帽子组成部分的术语。在大多数情况下，帽子的组成部分都是一样的。有一些术语专门用于男式帽子，下面一一列举出来。帽子的名称代表了他们独特的外观和用途。在下页中会向读者展示更多常见的帽子名称。

绘画小贴士

帽冠的顶部通常用一片单独的面料缉缝。

帽檐：帽子前面悬在面部以上的部分。

帽模型：是一种由木头、塑料或聚苯乙烯制成的为帽冠塑型的工具。制作帽子的材料被绷在（或上浆在）帽模上塑型。一旦某种形状的帽子流行起来，制作这款帽子的帽模立刻便会身价百倍。

帽边接缝：用于男式帽子，连接帽冠边缘和帽边边缘的接缝。

帽檐：围绕整圈帽子的帽边。

帽顶凹陷：男式帽冠的顶部凹陷的部分。

帽冠：帽子在头部以上的部分。

帽侧凹陷：男式帽子的帽冠侧面凹陷的部分。

帽檐滚边：包裹着帽檐边缘的一长条布料或皮革。

帽眼：在帽冠上为了透气的目的打通的一个或一组洞。

帽檐上翘：指帽边接缝与帽檐之间的高度差。

帽带：通常由带子或缎带制成，围绕帽冠底部沿着帽边接缝缠绕的一圈装饰。

内里：帽冠内的里衬。

帽片：拼接在帽子（如棒球帽）上的带有图案的帽片。

帽折：可折卷起来的那部分帽檐，尤其多见于牛仔帽或其他大折檐帽。

帽内侧滚边：用于男式帽子，通常由皮革、面料或者缎带制成，沿着帽子内侧接缝的一圈滚边。它能防止头部的油脂和汗液渗入到帽边接缝中，还可以增强佩戴的舒适感。

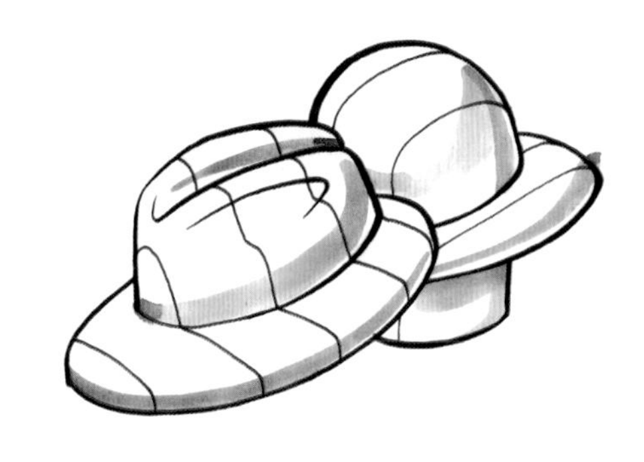
木质帽模

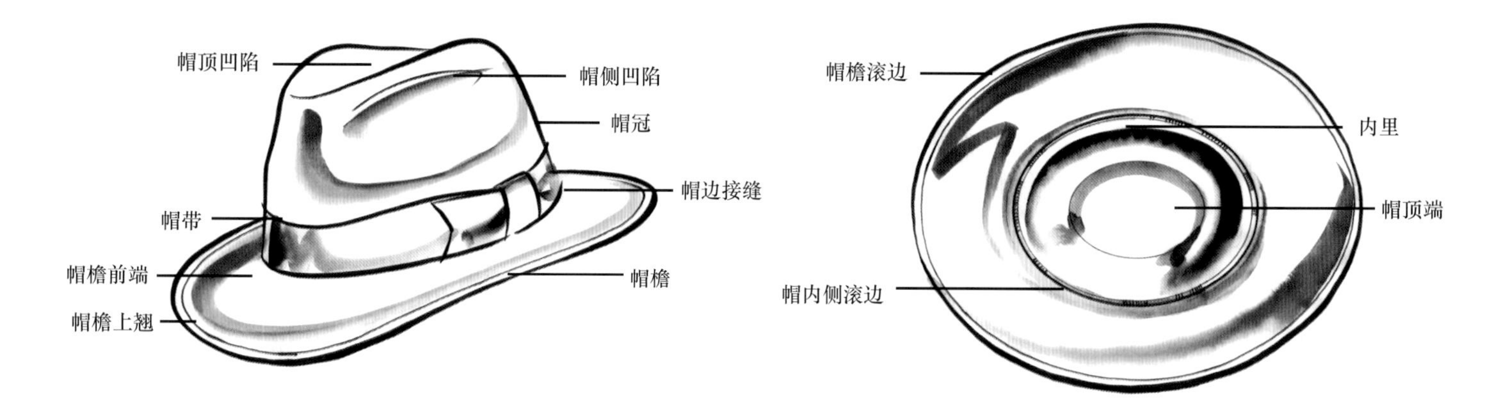

帽子种类的术语汇总

在这一章中为你展示的是非常普遍的帽子名称与形状。每一种帽子都可以通过增加装饰而演变出更细的分类，所以有一些帽子甚至有多种名称，在这里列举的是最常见传统的帽子名称，多数是男女共用，并且款式经典。有一些帽子则超越了帽子的属性，如下面列举的头饰与装饰帽。许多帽子都是基于这些基本款式而演变的。

这些效果图是使用液态浓缩水彩，选取不同的颜色，在湿润的冷压水彩纸上完成的。然后使用一支小小的尖头笔刷，沾上家用的漂白水去掉那些不必要的色彩，让帽子的结构和纹理清晰可见。

帽子是配饰的一部分，它允许绘画者进行无限创意，所以这里举例的只是一些最基本的画法，你可以在此基础上展现更多的技巧。

头巾：由方形头巾或丝质大手帕缠绕头部在脑后扎紧而成。

棒球帽：有的棒球帽是坚硬的高帽冠（如卡车帽），有的则是柔软的低帽冠，详见第95页的船员帽。

贝雷帽：贝雷帽可以平着搭在头顶上，或者将其拉高，又可以将它拉下来包住头部，亦或歪斜着佩戴。

单车帽：单车帽或运动帽都有很短的帽檐，可以很容易翻上去不遮挡视线。

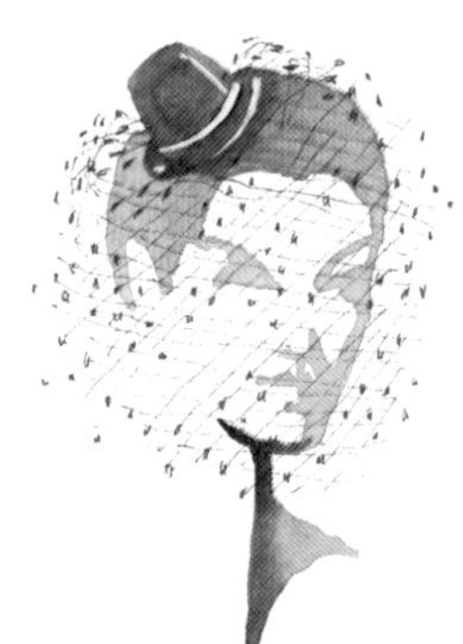

鸟笼：“鸟笼”是可以笼罩在帽子外面且包裹面部和头部的面纱或纱网。

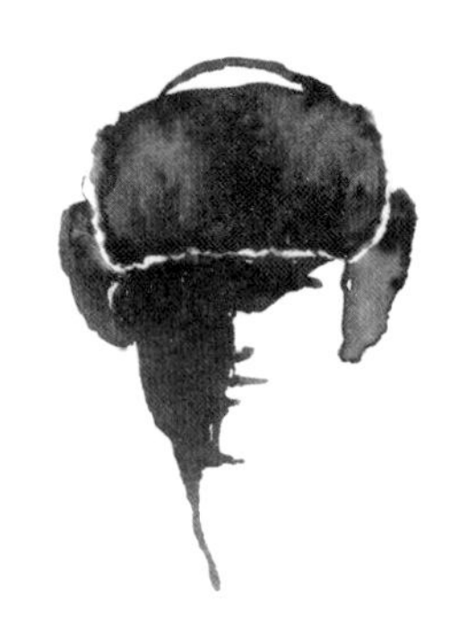

飞行员帽：飞行员帽的两侧有一对耳搭，在寒冷时可以搭下来遮住耳朵。该效果图展示的是带有裘皮耳搭的帽子。

系绳帽：系绳帽包含了许多种类。它可以是后面敞开的大檐帽。最常见的系绳帽是帽子包住头部，绳子在下颌处系紧。

圆顶高帽：圆顶高帽的形状和高度有着细微的变化，但是所有的圆顶高帽都有圆形坚硬的帽冠，配有帽檐。

渔夫帽：这种帽子是常见的休闲帽，既适合男性又适合女性。

现代女帽：效果图中展示的帽子代表了帽冠搭配前帽檐的女式帽子，此类帽子的范围非常广泛。

钟形女帽：这种帽子具有钟形的外表，可轻扣在头的顶部。

斗笠：斗笠是一种带有角度的呈金字塔状的帽子。它的帽冠和帽檐在同一个平面上。

牛仔帽：牛仔帽的种类非常多，包括了帽冠又高又圆的高牛仔帽和低冠牛仔帽。

幻想帽：幻想帽的种类繁多，只要是可佩戴在头上的都可以称为幻想帽。

装饰头饰：装饰头饰是一种形状独特的装饰。它的尺寸较小，并且可以随意地佩戴和取下。

浅顶软呢帽：浅顶软呢帽是最常见的男式帽子。它的质地柔软，帽檐卷曲，帽顶有凹陷。

毡帽：一种无帽檐的直筒帽子。搭配的流苏可有可无。

软帽：是钟形帽子的一种，包裹着佩戴者的头部。

连衫帽：连衫帽可以连接在任何衣服上。范例中展示的是帽子戴在头上的样子。请注意观察帽子以接近垂直的角度从头顶搭下来，这样帽子不会像头盔一样空悬在头部周围。

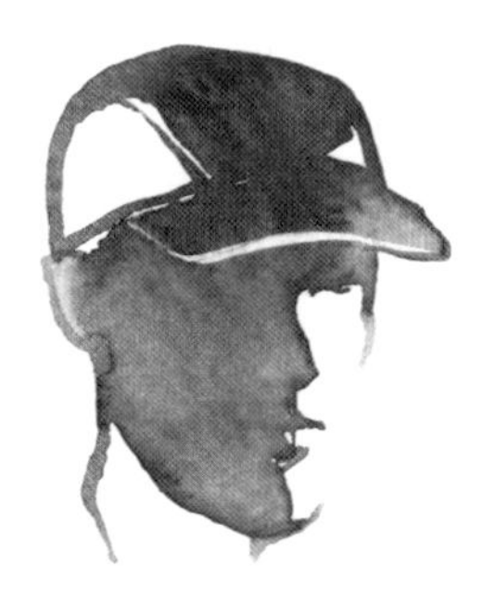

船员帽：帽子的帽冠前端比棒球帽柔软。

针织帽：针织帽与钟形帽子相似。它有针织或钩针编制的向上折起的帽檐。

蘑菇帽：帽冠的形状如蘑菇一般的帽子。

蒙古帽：在帽冠周围有一圈裘皮环绕。

士官帽：士官帽的种类很多，有多种帽冠的高度。

方帽：帽冠是方形的软帽。

软木帽或太阳盔：帽冠圆且宽大，由面料覆盖表面，并且帽檐倾斜。

草帽：此类帽子具有帽冠扁平、帽檐宽平的特点。

俄罗斯帽：俄罗斯帽通常与楔形军帽相似，或者类似较大的飞行员帽。它主要由裘皮制成。

太阳帽：太阳帽的帽檐宽大，可以为面部遮阳。帽檐可以往上抬或往下压。

紧头帽：任何紧贴着头的帽子。

苏格兰便帽：类似贝雷帽，它的典型特点是环绕的束带和帽冠上的装饰绒球。

大檐帽：典型的大帽檐，高帽冠的帽子。

高冠礼帽：帽冠高度不同，帽檐有的柔软，有的坚硬。

软檐雨帽：指的是大帽檐搭下来的雨帽。

无边帽：帽冠较高，并直接包裹头部。有的帽冠较低，如配有蝴蝶结的裘皮无边帽；有的如厨师帽一般帽冠较高（无图例）。

三角翻帽：此类帽子因为可将三个角翻折上去而得名。

窄边软呢帽：这种帽子与浅顶软呢帽类似，但是帽檐较窄，并且戴在头部较高的位置。

包头巾：有的包裹在头部，也可以缝合形成垂坠效果。有些包头巾有垂坠的装饰悬挂在头部后方。

无顶遮阳帽：帽檐长度不同，有的帽檐较平，有的帽檐呈一定弧度。

头纱：传统的头纱长度较长并包裹整个头部，有的较短并搭在头上。头纱上通常有头冠或装饰。有的头纱细如薄纱，有的头纱网眼较大。

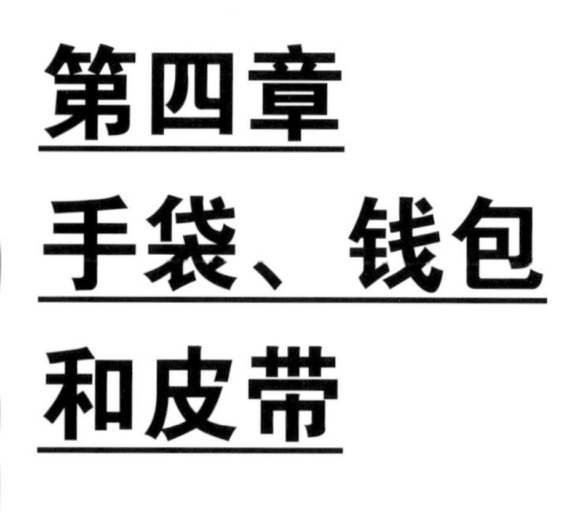

第四章 手袋、钱包和皮带

皮革制品的范围很广，无论是蛇皮还是牛皮都属于它的范畴中。如今，动物皮革不仅是制作各种手袋和钱包的材料，它的适用范围已经扩大到手机套或ipad的保护套。另外制作手袋的材料也非常广泛，如纺织面料和草编面料。手袋的装饰也让人目不暇接，装饰材料从流苏到珠宝，从裘皮到羽毛。手袋的设计也不再受局限，它的风格和造型也无拘无束。这是一个有广阔前景的产业，如果你有意在时装画的领域有所建树，这是一个非常值得探究的领域。在这一章中，你会遇到许多挑战和困难，但是你的许多疑问也能得到解答。

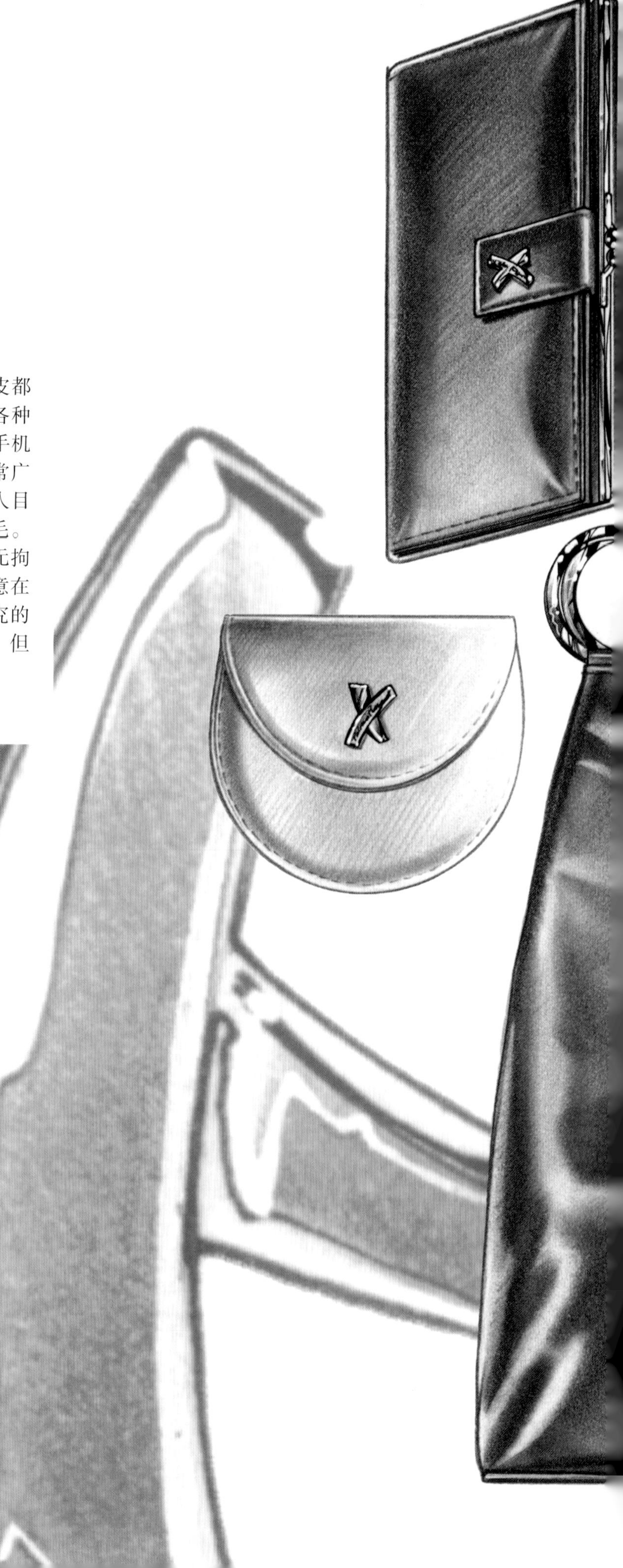

手袋画法的介绍

有的手袋具有硬挺的外壳，有的手袋质地柔软带有精美的印花。在绘画手袋的时候，请仔细观察手袋的最大特点并着重强调它。这个由奥特拉（Ootra）设计的手袋可以帮助读者理解绘画手袋效果图中的所有基本原理。

步骤1

这张照片表现了手袋的自然状态，并且展现了绘画手袋形状和特征的难度。当绘画手袋的效果图时，它应该呈饱满的状态，而不是空的或扁平耷拉着。如果绘画正面的视角无法很好表现手袋，那么你可以将手袋调整到四分之三视角，能更好地显示它的特征。手袋的肩带或手提带需要被表现出来，体现它的功能性。

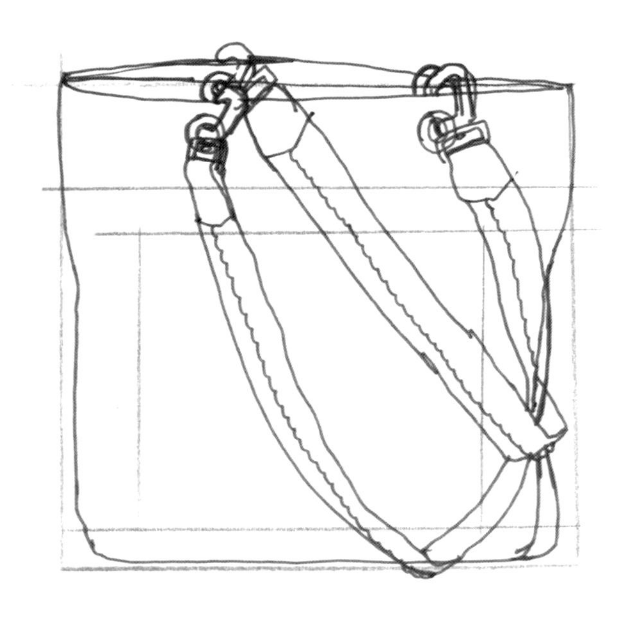

步骤2

无论是多么柔软的手袋，在绘画草稿的时候，可以借鉴图中的橙色草稿线一样的基准线，使手袋对称工整。这个草稿可以帮助画面建立基本的外形、比例和平衡。

步骤3

这个手袋由三种明显不同的材质组成：袋身的面料是压纹天鹅绒；黑色尼龙的手提带和拉丝银制部件与黑色金属链。作者运用蜡笔来勾勒袋身的轮廓，表现出它的柔软特性。用彩色铅笔绘制手提带，勾勒出干净清爽的线条，同时，拉丝银制部件和黑色金属链则用尖头黑色马克笔勾勒线条，与彩铅产生的纹理和颜色形成对比。

步骤5

用马克笔在纸的背面上色。用浅色的蜡笔绘画压纹图案的亮面，然后用白颜料刻画链条和尼龙带子的边缘与细节。最后用深棕色的颜料增加暗面的深度，更好地表现手袋的立体感。

步骤4

天鹅绒的部分用长条蜡笔上色，并将手袋的中间色调留白。再用彩铅绘制手提带，形成尼龙柔滑的感觉。接着用马克笔绘画手提带中的细链条。与此同时，绘制天鹅绒上的压纹图案的暗面。

晚宴包的画法

在正式的晚宴场合，晚宴包或手拿包是非常重要的配饰。制作晚宴包的材料通常都奢侈名贵，下图展示的由奥特拉设计的搭配狐狸毛的波纹丝缎晚宴包，就是非常典型的代表。

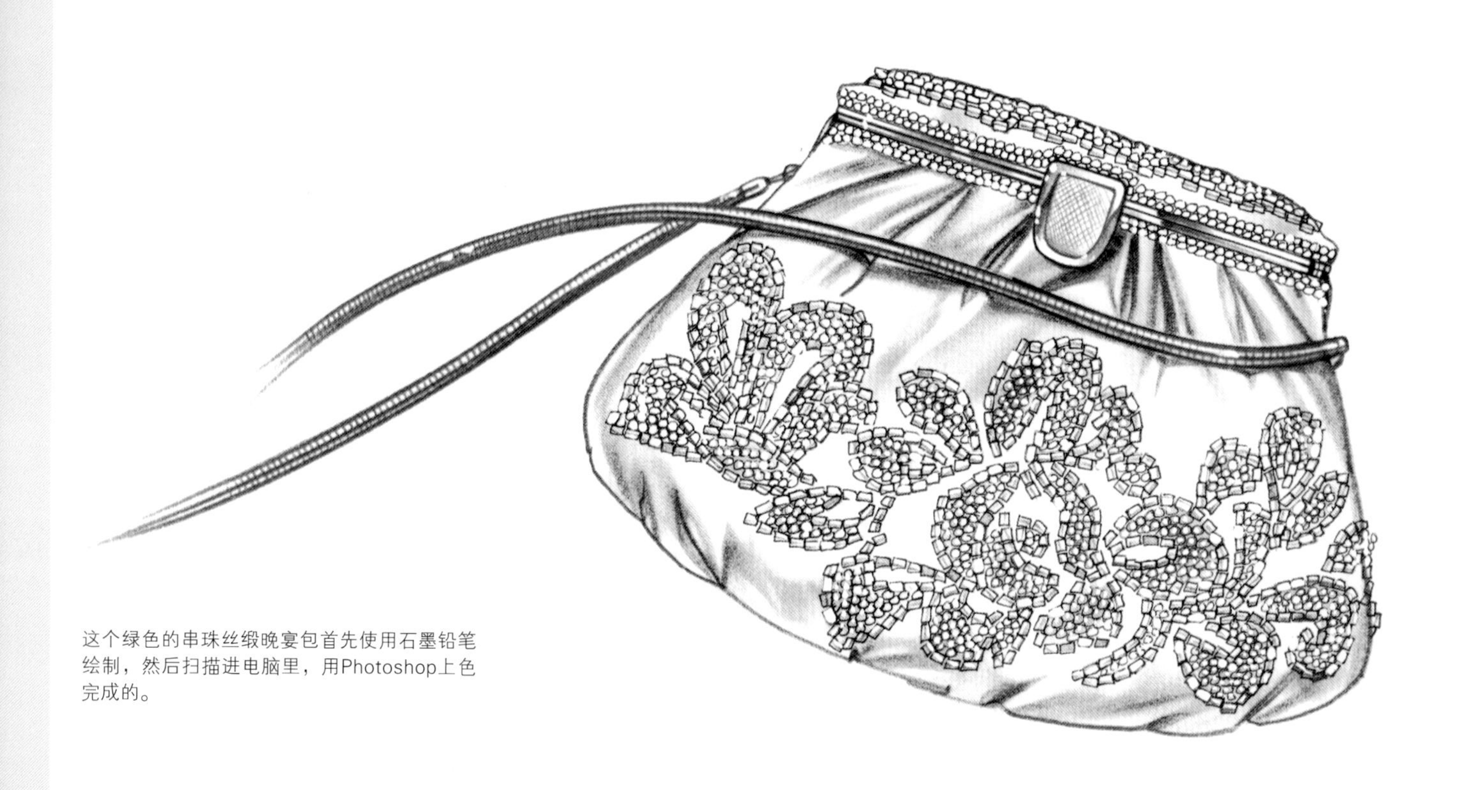

这个绿色的串珠丝缎晚宴包首先使用石墨铅笔绘制，然后扫描进电脑里，用Photoshop上色完成的。

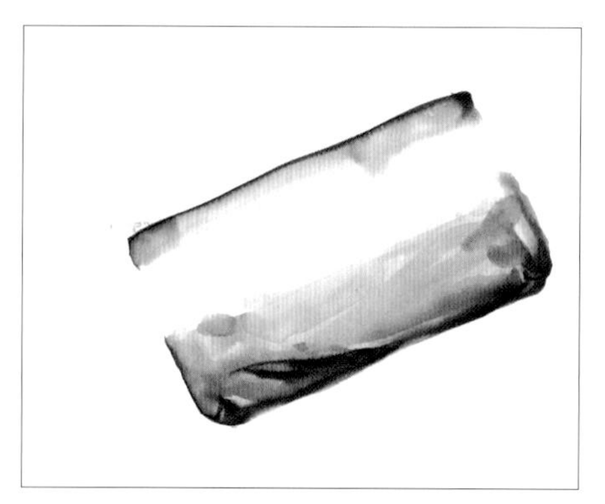

步骤1

首先使用一支硬度较高的铅笔淡淡地描绘手袋的轮廓，然后用水性笔将主要的阴影部分描绘出来。接着用一支湿润的水彩刷子将阴影的颜色过渡到整个手袋，并注意将裘皮的区域留白。

步骤2

待颜料干燥以后，用一支宽扁的水彩刷将清水涂到裘皮的区域。在纸张被水渗透之前，用沾满颜料的浓缩水彩笔在湿润的正中间画一条线，颜料便会自动地向四周散开，形成天然的裘皮效果。接着用同样的技法绘画拉链处的裘皮毛球。

步骤3

等所有的颜色干燥以后，用尖头的彩色铅笔描绘裘皮边缘的暗部细节。由于狐狸皮毛有光亮的针毛，需要用白色的彩铅加入一些白色的反光。最后，用一支紫色的彩色铅笔在丝缎上刻画一些波纹线条和粗纺线，创造出面料波纹的效果。

这幅由幸美（Yumicki）绘画的摩多基（Modoki）手袋使用黑色尖头马克笔勾勒线条，再用暖灰色的艺术马克笔绘画阴影。接着将图画扫描进电脑，用Photoshop加入兔子形象、条纹、花朵图案和斑点。

草编手袋的画法

草编的手袋可以由许多不同种类的草结合不同的编织图案而构成。下面的绘画步骤详细地阐述了如何将复杂的大面积编织图案简化。

这个带有绣花图案的迪奥（Dior）草编手袋首先运用水性笔勾画，然后用清水和软刷溶解颜色。接着用一支颜色持久的笔勾勒黑色的线条，绘制细节和金属的部分，以增加不同材质的对比。刺绣的花与叶子使用针管笔勾勒线条，然后再加入高光，增强立体效果。

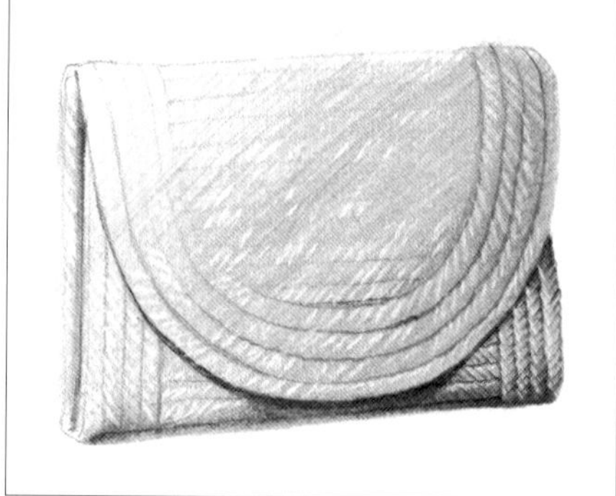

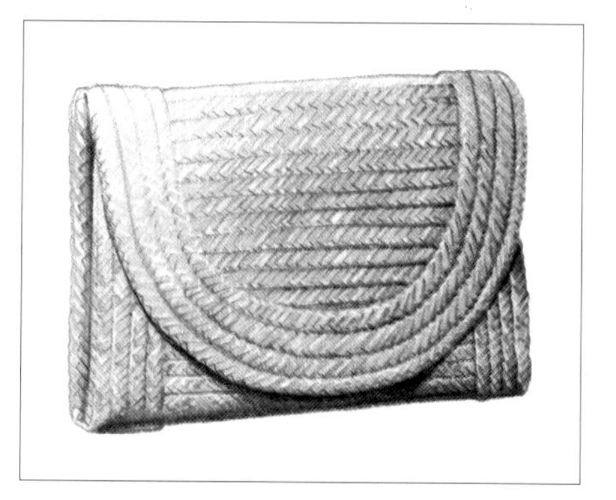

步骤1

首先用一支浅色的铅笔勾勒出手袋的轮廓和编织材料的走向。运用蜡笔绘制这个手拿包，可以搭配出明亮的夏季色彩。绘画时运用四分之三的视角，可以同时显示正面和侧面的细节，描绘更加全面、准确。

步骤2

在上色时，可以运用不同的颜色为画面增添乐趣。保持笔触的方向一致，可以使手袋的结构扎实，并且有助于产生编织的效果。完成上色以后，开始着手刻画编织图案。每一格草编的图案不断重复，赋予手袋清新的样式。渐变是简化的很好方式，可以提亮高光的部分，并慢慢过渡到暗面中。

步骤3

最后，在每一格编织图案的边缘和接缝处加强深色。在暗面的区域用橡皮擦出一些高光，同时加强对应的暗面，增强立体感。最后在一些需要被强调的高光部分加入白漆，增强草编织物的反光感。

绗缝手袋的画法

可以被绗缝的面料非常多。下面的范例详细阐述了如何用最简单的方法表现绗缝结构以及柔软的质地。

效果图中的橙色香奈儿（Chanel）绗缝手袋使用细头勾线笔与蜡笔绘制。最后用马克笔勾勒手袋在地面的投影。

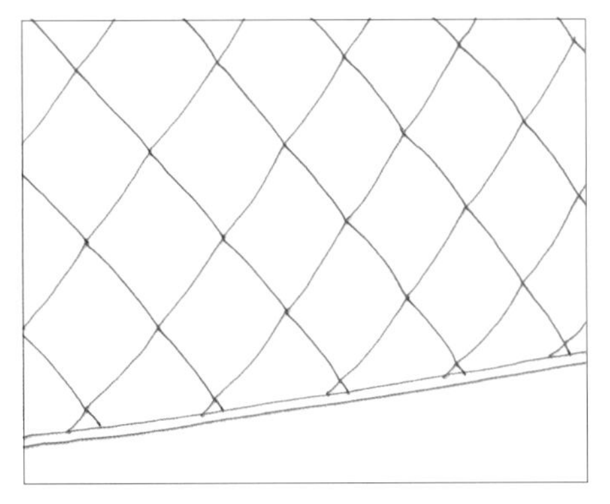

步骤1

首先用高硬度的石墨铅笔画出浅色的草稿。保持每一个绗缝单元图案的尺寸平均，并由纵向与横向的轴心对称平分。并且让绗缝的线条呈拱形，显现出绗缝拱起的形状。并且，透视会使较远的绗缝格子变窄。接着用一支细头马克笔将铅笔所画的轮廓重新描绘一遍。徒手勾线使绗缝线条显得稍微不规则，可以表现出绗缝的柔软感觉。

步骤2

选择一个固定的光源，开始绘画暗面的部分，保持每一个凸起的格子的暗面在同一侧，并在绗缝交汇处加深色彩。在明暗关系过渡的时候，使明暗交界线呈角对角的直线状态，而不是圆弧状。并且将亮面留白。

步骤3

为了增加立体感，涂抹深色强调每个格子的阴影部分，并将对应的亮面提亮。将高光的部分擦干净，也可以用白色彩铅或白漆描绘高光。

交织字母手袋的画法

如今，将商标或交织字母印在服装配饰上是常见的设计手法。这里展示的一些技法可以简化绘画步骤。

这幅效果图用于报纸的广告中，先用马克笔打底再用铅笔绘制。设计师故意将一些字母倒转过来，因此在绘画中一定要细心观察，保证画面与实物的一致性。

步骤1

首先完成手袋的基础结构，然后顺应手袋的结构画出基础线，找到交织字母图案的比例与位置。有一些商标的排列是纵横结构，有些则是菱形结构。

步骤2

用艺术马克笔轻松地画出手袋的深色与中间色调。在这幅画中，被留白的纸的原色被作为高光。然后用彩铅描绘交织字母图案，尽量保持图案的位置与比例一致。

步骤3

进一步描绘交织字母图案的细节。为了增加画面的生动性同时节约时间，一方面可以让暗面的图案渐变地消失于深色中，另一方面可以将边缘的图案省略。大面积的图案容易导致立体感不足，因此可以使用漂白水将亮面的图案提亮。白漆被用来提亮金属部件上的高光，并在手袋的缝合处加上针脚的细节。

水钻和串珠手袋的画法

串珠和珠宝装饰是大多数晚宴包的重要特征。

这是一幅由串珠覆盖表面组成喇叭形状的女式小手提包的画作，首先使用铅笔绘画，然后扫描到电脑中将串珠调整成微妙的金色。由于串珠是圆柱形的，因此画面中串珠的亮面和暗面呈矩形。最后用电脑加入一些星形光芒，以显示手袋闪亮的外表。

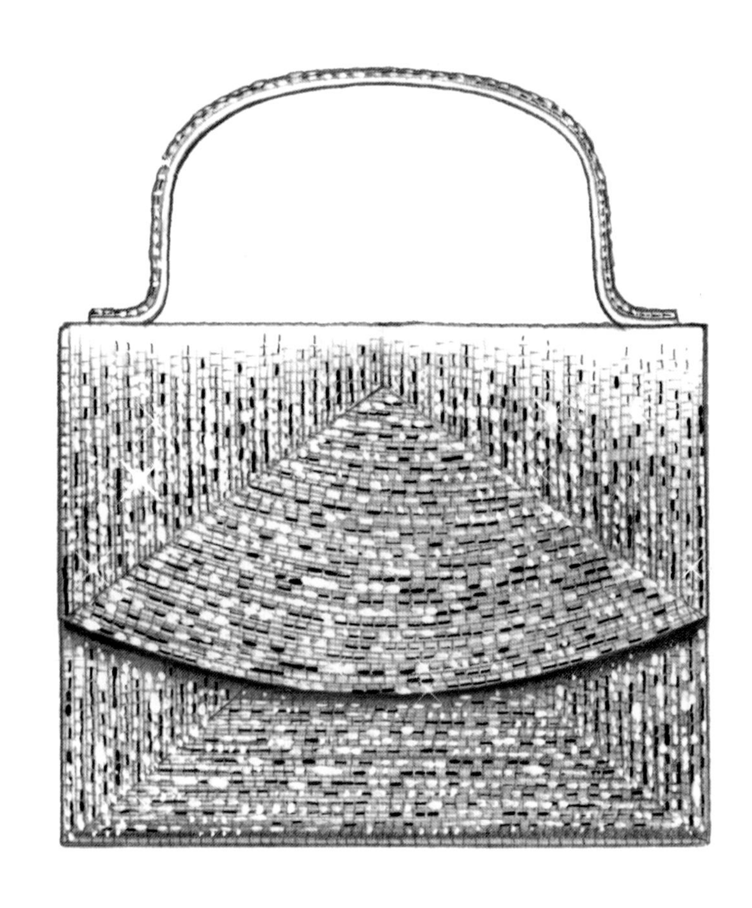

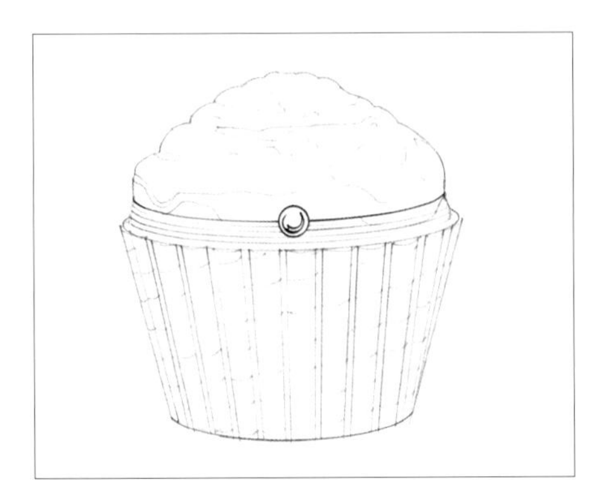

步骤1

首先，用基准线划分出蛋糕形状的化妆盒上的图案。请注意蛋糕托和化妆盒的开关是用加粗的线条绘制的，以区分蛋糕与蛋糕托的区域。尽管蛋糕并不是对称的，画面依旧需要一条中心线来保持左右对称。

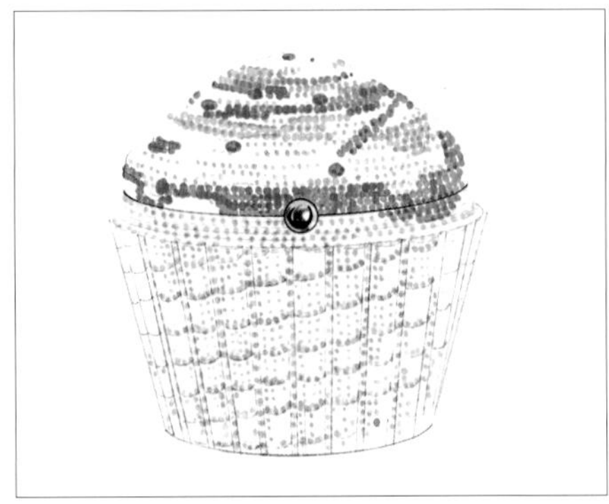

步骤2

用一支小的圆头马克笔绘画水钻的色彩，首先画出亮面的颜色，接着再加入暗面的色彩。由于两侧的水钻呈现在侧面的弧形上，绘画时可以将细节省略。这可以有效地将视线集中在化妆盒的中间。

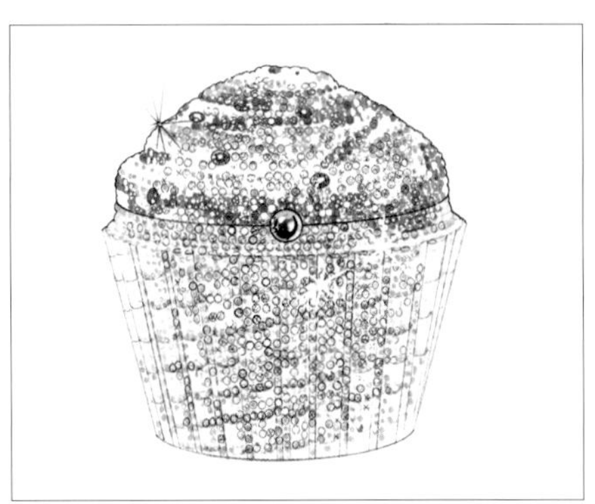

步骤3

借助圆形模板，用一支细头的马克笔勾勒一些水钻的轮廓，可以增强画面的表现力。接着在某一些水钻的表面轻微地增加水钻的切面——切勿过多地刻画水钻，否则会导致细节冗繁，并且过多的线条会掩盖水钻的本色，使颜色变深。最后用小笔刷和白漆绘制高光。

硬皮手袋的画法

有些硬皮手袋有着独特的外形。有的时候同一款式的手袋拥有许多不同的色彩，这里介绍简单的绘制手袋的方法，可以轻松地更换手袋的颜色，或者允许设计师在打样时做不同颜色的测试。

这些缎面的手袋都是使用铅笔勾勒线条，然后扫描进Photoshop再逐一完成色彩的。

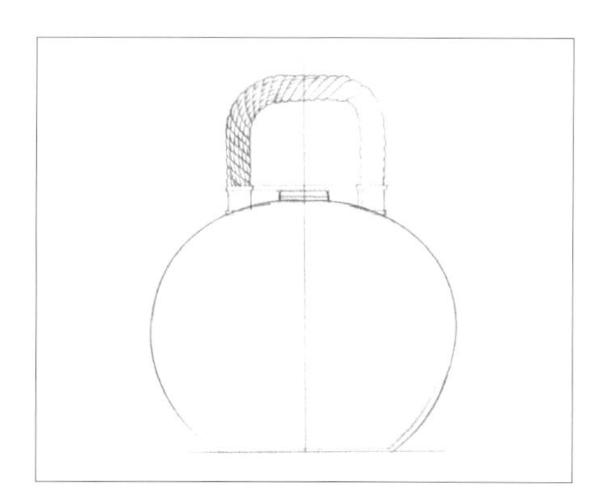

步骤1

由于手袋是左右对称的，因此需要绘制一条中心线和水平底线。先用直线绘制手袋的提手，然后再将它划分成几个部分。接着再绘画出编织花纹，找出拧绳的感觉。

步骤2

用一支2B的石墨铅笔加深手袋与提手的轮廓线。上色时，颜色从底部往上由深到浅渐变，表现出丝缎的光泽。金属提手上的光影对比则非常强烈。接着，用灰色的马克笔在纸的背面均匀上色，减少画面的纹理感，并调和统一丝缎的颜色。最后，在提手中间的高光部分加入白漆，以增强立体感。

步骤3

将画作扫描进Photoshop，用蒙板工具捕捉出手袋的轮廓。将手袋的提手与包身分离开来，就可以单独地调整手袋的颜色。用这种方式作画，设计师可以任意改变手袋的颜色，或者为零售店提供不同颜色的效果图。

金属质感手袋的画法

金属质感有两种基本特性：首先，就是金属的闪光感，你可以从下图展示的银色手袋观察出来。其次，就是步骤图所示的类似漆皮的如水般的反光感。值得注意的是，尽管用金属色马克笔作画很有趣，但是复制后的画面却无法呈现金属的视觉效果。以下的范例详细解释了在不使用金属色马克笔的情况下，如何每次都能成功地绘制出金属感。

这个银色的手袋具有闪光感。读者可以看到用白漆绘制的点状高光。

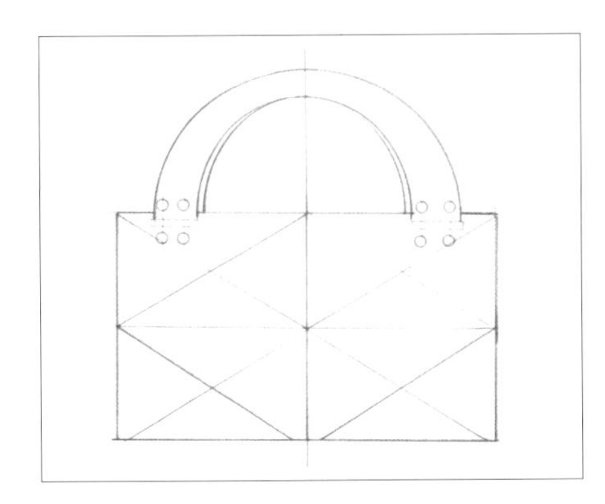

步骤1

由于这个手袋具有很强的结构感，所以首先需要画出左右对称的底稿。请注意，连提手上铆钉的位置都依照基准线严格定位。

步骤2

用黑色和铜色的水性马克笔勾勒出手袋的轮廓线与阴影部分。由于手袋的绗缝结构，暗面都集中在接缝的部分。

步骤3

用一支湿润的水彩笔刷在每一个绗缝的块面中溶解颜料并将色彩推向块面的中心。接着，在局部的绗缝处刻画一些针脚，这样一方面可以强调皮质的厚重感，另一方面可以表现出绗缝的工艺。需要强调的是，材质的光感越强，就意味着浅色与深色的对比越大。在画面干燥以后，用白漆制造如水般的高光，使画面的对比感更加强烈。

凿纹和压花手袋的画法

凿纹和压花皮革通常是在皮革表层将图案经按压或雕刻而形成的浮雕效果。由于它具有三维立体效果，绘画时需要设计一个固定的光源来制造它的立体感。

这个手袋是用水彩颜料绘制的，接着用白漆强调它凸起部分的高光。

步骤1

用铅笔画出底稿之后，再用黑色的尖头马克笔重新勾勒一遍线条，为这个支票夹绘画出挺直有力的轮廓。在这个步骤中只需要画出大致的图案，较小的细节可以留到后面用彩铅的步骤中。

步骤2

完成线稿之后，运用两种颜色的马克笔，一种是皮夹的本色，另一种深色被用来勾画凹陷的压花和滚边的缝线。然后再运用深红色的彩色铅笔和暖深灰色的马克笔绘制边缘打孔效果。在绘制皮夹边缘的缝线时，先从每根缝线的两端开始绘画，并将中间留白，形成自然的高光。接着运用深棕色的马克笔勾勒一些压花图案的轮廓，加强手袋的立体感。

步骤3

用一支尖头的白色彩铅刻画出压花图案隆起的部分。并注意将画面上所有的高光都保持在一侧。为了最大化地形成立体感，在暗面的反光处加入蓝色或绿色的反光。最后，修整一下滚边缝线上的高光，可以用棕色的彩色铅笔描绘出更多的设计细节。

尽管这个由蒂娜·柏宁（Tina Berning）绘制的书包风格轻松随意性强，它的针脚、针距仍然均匀，带有工业生产的痕迹，使手袋看起来结实有力。

钱包和皮套的画法

技术进步为皮革制品赋予了崭新的意义，由于每天都有新产品不断涌现，而为了美观和保护这些新产品，需要为它们添加保护套。

这幅男式系列饰品的效果图中包含了鳄鱼皮钱包、皮夹子、银制的瓶子和存放袖扣的盒子。它首先用黑色铅笔绘制，然后扫描进电脑里上色。画面如此吸引人的视线，不仅是因为物体的色彩与背景的色彩的鲜明对比，而且材质和肌理也使物体诱人夺目。

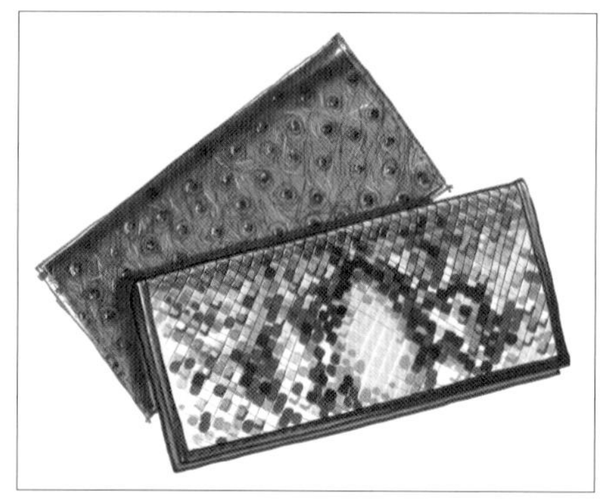

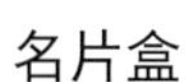

名片盒

这个蜥蜴皮革的名片盒是由彩色铅笔绘制，然后选用跟皮夹同色的马克笔在纸的背面上色完成的。鳞片边缘微小的高光增加了鳞片的肌理感。

支票簿夹

这两个支票簿夹首先运用勾线笔勾勒轮廓，然后用马克笔在线稿上上色。鸵鸟皮的支票簿夹用尖头的棕色马克笔绘画出皮革细微褶皱的肌理。再在每个皮革的小隆起上绘画高光。处理蟒蛇皮的皮夹时，首先画出格子的鳞纹，然后再根据浅、中、深的蛇皮图案画出蛇皮的花纹。最后只在皮夹的边缘绘画一些高光，保持画面干净整洁，具有整体感。

手机套

作者绘画了手机套的正面和被遮住的手机的一部分正面，体现出手机套与手机的尺寸关系。首先在牛皮纸上运用黑色的勾线笔勾勒线条，然后再在纸的背面用马克笔上色。彩色铅笔被用来绘画暗面与高光。牛皮纸可以让你从纸的正反两面观察画作，使作画更容易。

布料手袋的画法

绘画纺织面料或布面的手袋最重要的就是展现其柔软垂坠的特性，并且避免过多的褶皱或呆滞僵硬的模型感。

天鹅绒和绒面革

天鹅绒和绒面革常用于晚宴包和珠宝手袋。对照柔软的手袋写生时，不应当让它呈干瘪耷拉的状态。将手袋内装满纸，可以让它呈现出圆润饱满的感觉。有时，将一个不同的材质放在画面中，可以与手袋产生对比，加强视觉冲击力，如画面中将皮质手套与绒面革的手袋放在一起。这幅画首先用铅笔绘制，然后再在Photoshop中上色。

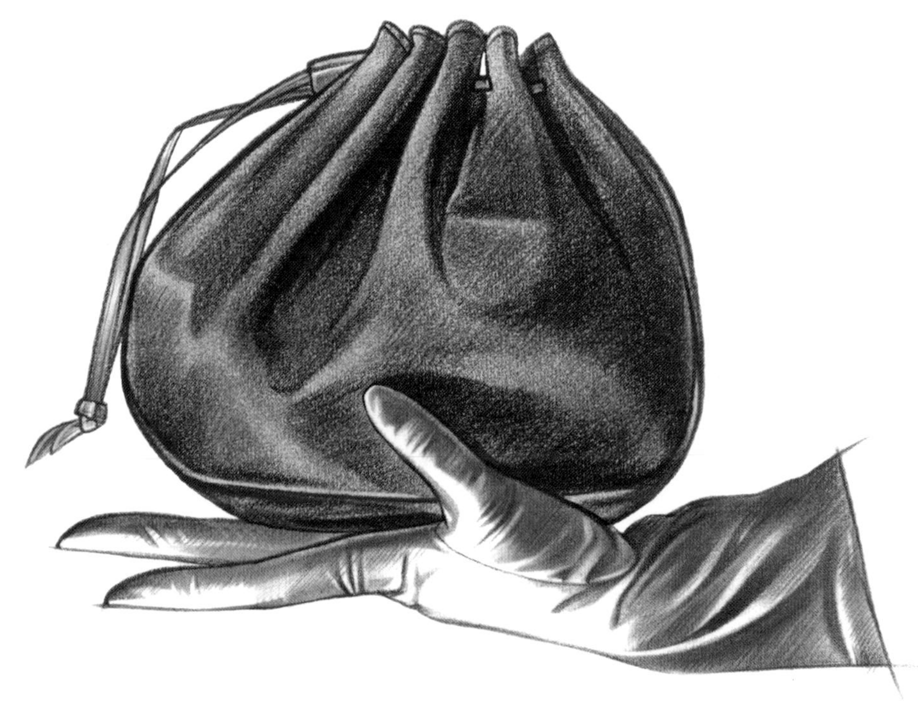

纺织面料或粗花呢

绘画纺织面料或粗花呢类型的面料需要有纱线编织的感觉。图中由奥特拉设计的粗花呢手拿包是使用蜡笔在黑纸上绘画的，颜色饱满丰富，并有很强的光线照射的感觉。手袋的暗面被融进了黑色的纸中，让视线更多的集中在扣子的细节与格子印花上。

织锦缎

织锦缎可以是彩色的图案，也可以是单色的图案，最后加上织锦的浮线，增强面料的效果。

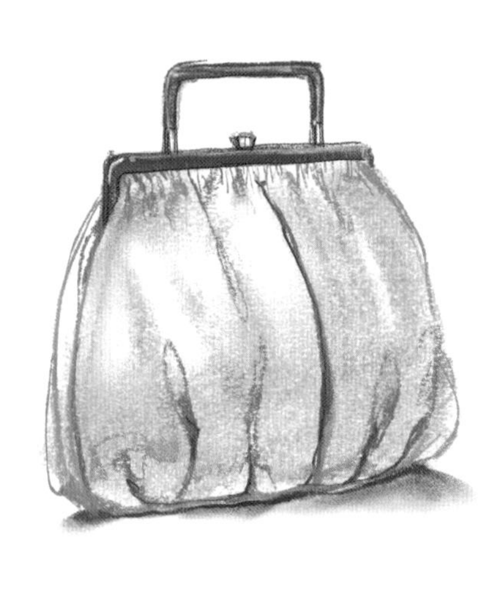

布料

布料手袋可以用蜡笔在白纸上绘画，将亮面区域留白，让纸的颜色形成柔软的高光。

其他质地手袋的画法

在绘画时还有可能遇到手袋的其他质地，包括：褶皱面料、鳄鱼皮、编织皮革、尼龙和漆皮。在书中的其他章里，我们介绍了相近材质的画法和详尽解析，所以在这里仅提供几点绘画此类手袋的技巧。

编织皮革手袋

要将编织皮革手袋的细节全部画出来，工作量是非常大的。图中的迪奥手袋是使用尖头马克笔在牛皮纸上勾勒轮廓，然后用水彩颜料创造出充满艺术风格的感觉。请注意画面上的编织条纹并不是很精确。作者首先画出了横向纵向的基准线，再逐一绘画带有弧度的编织条，让它们看起来像是一条穿插进另一条。然后用彩铅绘制高光，注意高光的方向都保持一致。这样可以表现出编织材料的立体感。

褶裥手袋

这个晚宴包是用铅笔绘制，然后用跟手袋同色的马克笔在纸的反面上色完成的。褶裥是将面料集中到一起的一种工艺。它不同于面料自然垂坠形成的褶皱，褶裥有着严格的控制。每个褶裥的交汇点的颜色应当最深。尽管手袋有着复杂的图案，高光依旧被集中在手袋隆起的位置，使手袋有着强烈的立体感。

鳄鱼皮手袋

这个手袋是使用铅笔绘画的，铅笔易于刻画图案，同时也容易掌握明暗对比。完成铅笔稿之后，将画面扫描进计算机并进入图像编辑程序。这个独特的视角可以让人清楚地观察到整个手袋的设计、侧面和厚度。请注意观察作者如何运用干净的线条和光滑的晕染强调结实的天然皮革。

漆皮手袋

漆皮是皮革中反光度最高的。无论是何种颜色的漆皮，我们在绘画时都要用到该色系中最深的颜色和最浅的颜色。它根据物体的结构产生如水般流动性的反光。在绘画黑色的漆皮时，最适合运用黑色的工具，让画面达到最深的颜色。画面中的手袋、钱包和皮带都是用黑色的炭铅笔绘制的。用黑色的马克笔绘制黑色的物体不太能在画面上表现出渐变的效果，除非是绘画出让光亮从外面投射进来的效果。画面中物体的光线渐变采用的是留白的技法，好像亮光是从背面透过来似的。

尼龙手袋

绘画尼龙手袋和柔软光滑面料的手袋的难度非常大。一方面需要用清晰的结构表现出形状，另一方面需要用较柔和的边缘来表达出面料的质感。画面中面料的垂坠和褶皱被简化，线条的转折带有角度，呈现出面料脆挺却又柔韧的感觉。这个尼龙手袋用彩铅绘制，并用蜡笔增加柔软的渐变感。然后再用和面料同色的马克笔在纸的背面上色。在面料与手袋带子上的隐约可见的格纹是用尖头的彩色铅笔沿着面料起伏的方向绘制的。接着用彩色铅笔在手袋身与手袋带上描绘轻柔的高光，使手袋呈现柔软的感觉。所有的金属部件都是用黑色的勾线笔描绘的，让其与面料产生强烈的对比。最后用白漆勾勒商标、部分金属部件和拉链，让它们突出。

锁子甲的画法

锁子甲重新回到了流行饰品的行列，并且频繁出现在如皮带和女士衬衣之类的日常用品中。

这个大面积的颈部配饰首先使用铅笔画出宽松的、环环相扣的轮廓。接着再使用极细的黑色马克笔，并借助圆形模型的帮助，刻画一部分的环形细节。铅笔底稿非常重要，它可以呈现出灰色的金属感。每一个金属环上的高光呈现的形状与位置都是一致的，这有助于形成网眼的整体感。

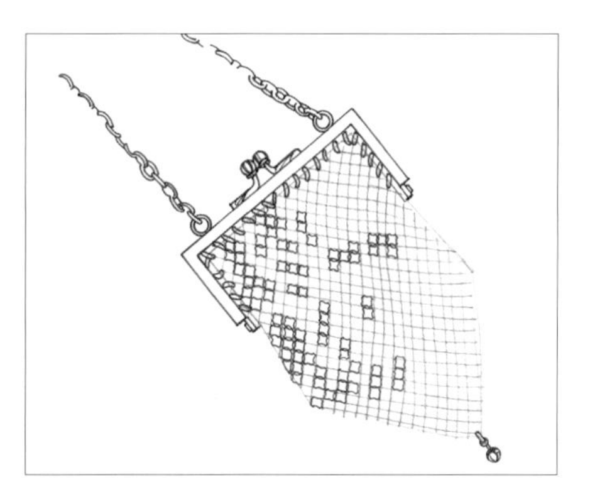

步骤1

首先画出对称的手袋造型、金属边框和手袋开关的底稿。用徒手的线条勾勒出手袋上面的金属链，制造出柔和的网眼感觉。接着用勾线笔勾勒手袋上袋面饱满的线条。

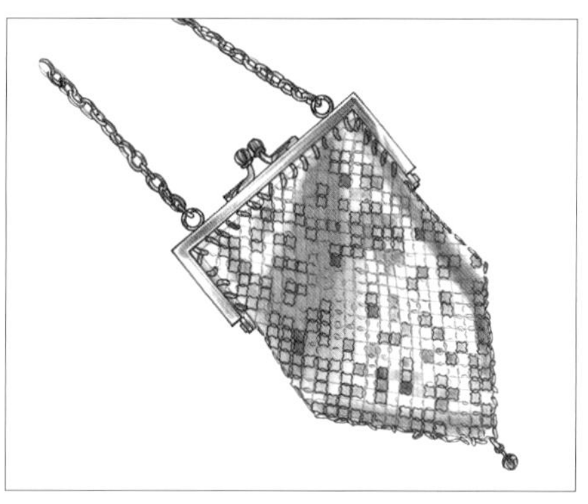

步骤2

刻画手袋上的金属链，让结构看上去更结实。一些铅笔刻画的细节被留在画面中，形成手袋上浅色的反光区域。并且在刻画细节之前，将手袋的暗面用深色渲染出来，可以让手袋更富有整体感。

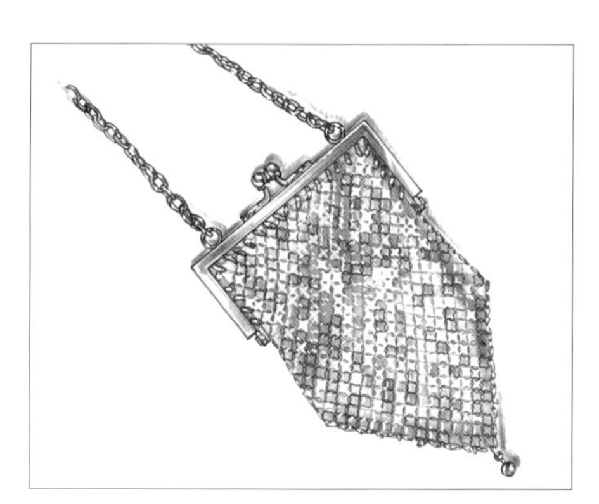

步骤3

用一支小笔刷和白漆，在暗面的区域内点缀一些金属链，增加金属的反光感。接着再在边缘处刻画一些高光，请注意保持光源的一致性。在正面视角中，描绘物体一侧的阴影可以有效地表现出物体的厚度。

皮带和皮带扣的画法

绘画皮带的时候特别需要表现其生命力。卷曲的皮带应当看起来柔软且舒适。在皮带扭曲时注意表现出它的边缘厚度，避免让它感觉如纸般轻薄。以下的步骤详细解析了如何绘画金属装饰或贝壳形的皮带扣，这些装饰多用于西部牛仔风格或朋克风格的皮带中。

这幅皮带的作品首先用石墨铅笔勾勒轮廓，接着用铅笔和马克笔着色。然后将画面扫描进计算机并运用图像处理软件，可以轻松地选择需要的颜色。

步骤1

首先画出左右对称的底稿，接着用黑色勾线笔勾勒轮廓。注意表现出金属质感，并且让皮带扣的质感与皮带或主要物体有所区别。在绘画任何配饰时，暗面的阴影和高光应当从一侧移动到另一侧，以形成立体感。

步骤2

皮带扣的颜色应当从暗面的黑色转变到亮面的纯白，体现出金属强烈的反光感。将整个皮带扣的暗面揉擦成柔和的灰色，以便在下一步加入白色高光。

步骤3

用浅色的马克笔或彩铅加入中间色调。接着绘画高光，高光的位置应当在每个凸面的顶端，并且光源需要保持一致性。请注意高光的形状更像是点状，而不是长条状。

手袋种类的术语汇总

手袋的尺寸与形状多种多样。以下列出了最常见手袋的名称，可以有效地将你绘制的手袋分门别类。

背包或书包：有两根肩带，并且有多个口袋，满足学生的需求。

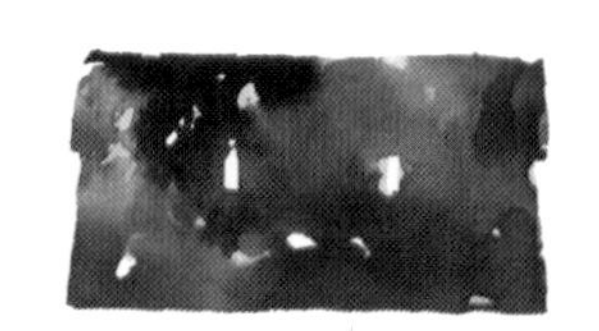

手拿包或晚宴包：有些手拿包配有肩带，隐藏在手袋内。

保龄包：这种拱形的手袋由于和装保龄球的袋子相似而得名。

月牙包：具有新月形状的包身或包身顶部呈半圆形，包身从包带处下倾。

水桶包：这种轮廓类似水桶的手袋（包顶较宽）有典型的圆形底部。

圆柱形包：这种管状的手袋通常被用来存放化妆品。

香奈儿包：绗缝的包身搭配链条肩带。

系绳包：用链条、绳子或粗绳在手袋的顶部穿过金属扣眼然后系紧。

达尔夫包：一种较大的矩形包，有两个提手和一个拉链开关。

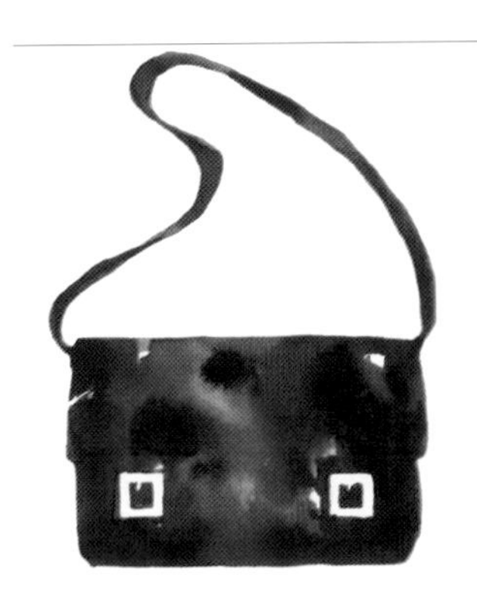

邮差包：矩形的包身配有较大的搭盖和可调节长度的肩带，可以挂在肩上或者挎在胸前。

战地包：一种较小的矩形包，有搭盖的手袋开关和长肩带。

书包：中等大小的矩形包身，有时在包身侧面配有肩带。它有一个短的手提带子，会让人联想到医生提的包。

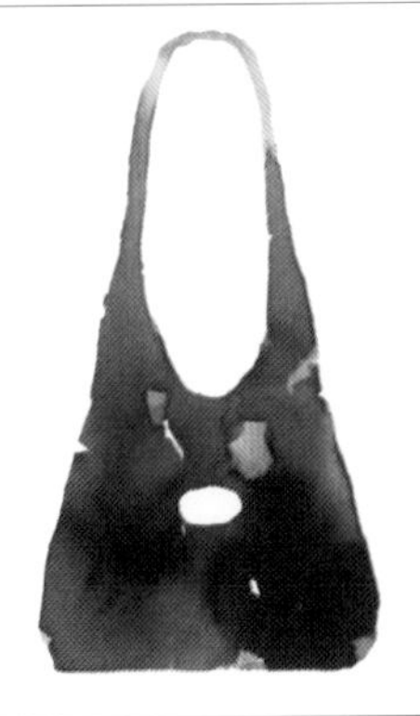

复古流浪包：这种手袋有多种尺寸，软角梯形的包身配有肩带。

挎肩包：这种手袋的包身形状多样，搭配中等长度的肩带，可以挎在肩膀上。

凯利包：这是一种经典的手袋或女士钱包，略呈梯形的包身配有硬质提手。

大手提包：这种中等或较大的方形或矩形手袋，有的包口是敞开的，有的包扣配有开关。

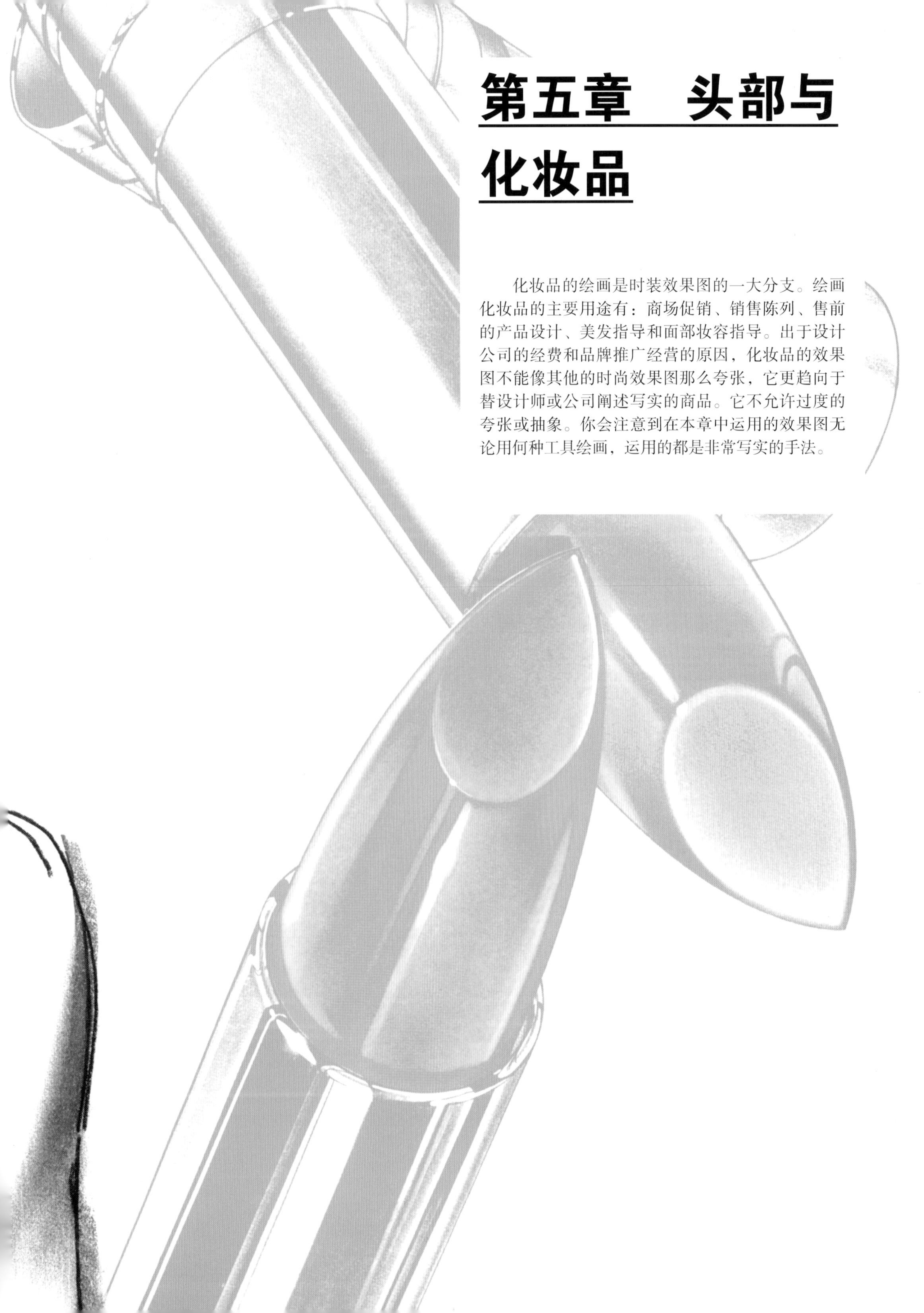

第五章　头部与化妆品

化妆品的绘画是时装效果图的一大分支。绘画化妆品的主要用途有：商场促销、销售陈列、售前的产品设计、美发指导和面部妆容指导。出于设计公司的经费和品牌推广经营的原因，化妆品的效果图不能像其他的时尚效果图那么夸张，它更趋向于替设计师或公司阐述写实的商品。它不允许过度的夸张或抽象。你会注意到在本章中运用的效果图无论用何种工具绘画，运用的都是非常写实的手法。

脸型的介绍

了解脸型是绘画头部的基础。以下4种脸型是美容美发业中最常见的脸型。维达·沙宣（Vidal Sasson）网站用以下的效果图为感兴趣的客户推荐适合他们脸型的发型。这些效果图是使用单色的刷头笔绘制，然后扫描进Photoshop中上色，每幅图仅使用4种颜色。

长脸

在长脸型中，从下颌骨到下巴的角度几乎什么样子的都有，其主要特征就是鼻子区域的比例比较长。这种脸型使人看上去比较修长。

圆脸

圆脸的最大特征就是，下颌骨到下巴的弧度圆滑并且脸颊饱满。通常在绘画16码以上的大尺码女性时，会用到这种脸型。

方脸

在绘画方脸时需要强调下颌骨和下巴的位置。由于方脸会显得男性化，因此在绘画方脸的女性时，更多的突出她柔和的女性特征，用圆润的曲线来平衡较为突兀的骨点。

鹅蛋脸

鹅蛋脸是最常用于美妆的脸型。它易于展现面部特点，男性和女性都有此脸型。

头部的画法

无论是用写实的技法还是用艺术的风格绘画头部，我们始终需要遵照人类头部的真实特征。这一节的目的并不是教读者如何绘画脸部，而是向读者介绍如何发现作品中的错误，以便更好地发挥自己的绘画风格和绘画技巧。

绘画小贴士

如果你察觉到画面中有奇怪的地方，这里推荐一个找到错误的简单方法。从镜子中观察作品，或者如果画纸允许的话，可以从纸的反面透过纸张观察。从另一个角度来观察画面，能够更明显地发现错误的地方。

· 在绘画正面视角的头部时，首先画一条中心线（A）使脸部左右对称。

· 眼睛的位置纵向平分头部的长度（D）——从头顶（不包括头发）（B）至下巴（C）的中间位置。眼睛在头上的宽度应是横向五等分头宽，最外面的两只眼宽包含了耳朵的位置。

· 鼻子的线（鼻子底部）（E）平分了眼部到下巴的距离。如果需要将鼻子画的稍长一些，可以从眉毛位置开始测量。

· 嘴部的线（嘴唇处）（G）在鼻底与下巴长度的三分之一处。嘴巴的位置离鼻子近一些，会显得人年轻一些。

· 耳朵的位置在眉毛与鼻底之间。女性的耳朵应当贴紧头部；男性的耳朵则可以更凸出，增加男性阳刚的感觉。

· 男性的发际线（H）会随着年龄的增长而变化，但是典型的发际线通常平分眼睛至头顶的距离。从额头的中间开始，发际线顺势弯至眉弓或太阳穴的位置，然后弧线弯至颧骨或耳朵的前面。绘画发际线的线条应当轻柔断续，否则容易显得像头盔一般。即使是最短的头发也会为头部增加约12毫米的高度。注意这幅男性图例，右边的发际线更清楚地显示出年轻男性（18～20岁）的面部特征，而左发际线则反映出较成熟男性（30岁）的特征。当需要绘制一张透露出成熟干练神态的男性面部效果图时，画好发际线是非常重要的。对发际线的描绘可以使男性显得年轻或年老，而女性的发际线则没

男性和女性的头部遵照相同的比例——他们的区别来自于各自的特征。女性的脸部线条柔和精致，而男性的面部棱角多，块状的肌肉更明显。如果将男女头部的特征反过来，会造成性别的混乱。由于年龄会影响五官的位置与比例，因此将绘画面部的基准线保持在理想的20岁出头的样子。

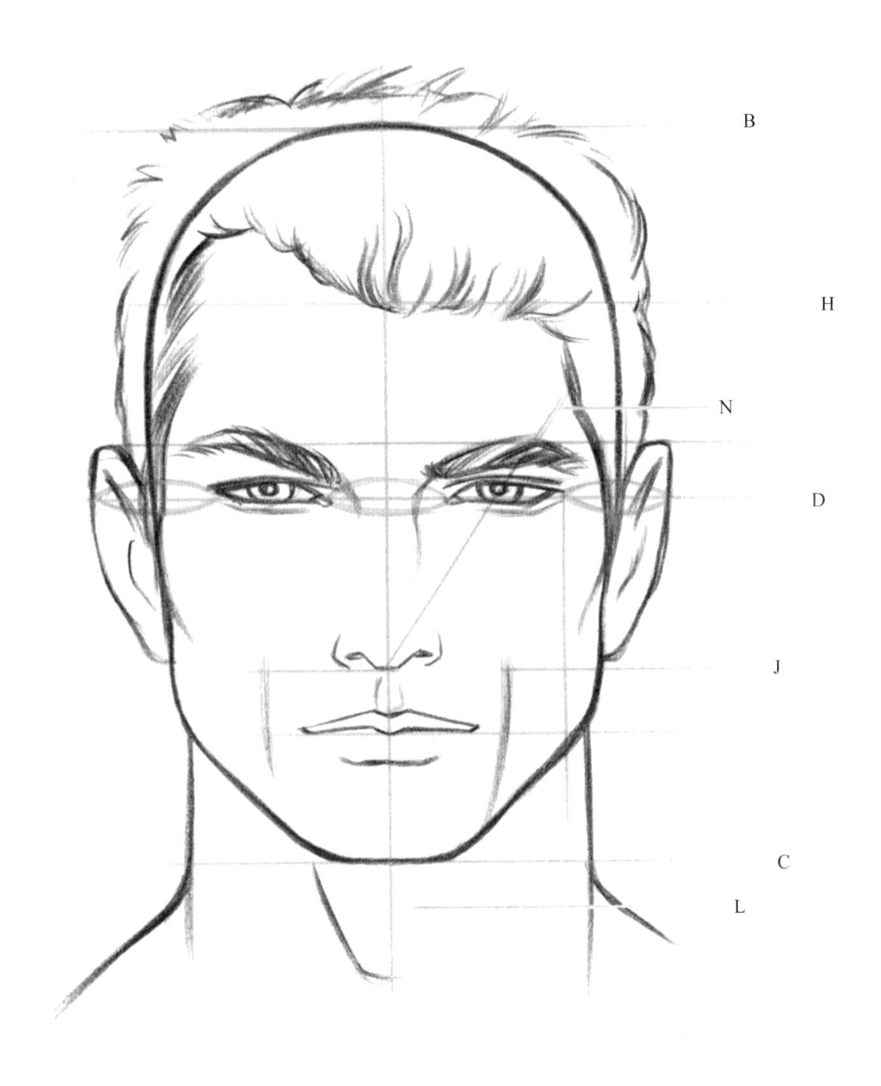

有变化。

- 颧骨（I）的起点在耳朵的上端，终止在鼻底的位置。在男性的头部中，无需过多地刻画颧骨的线条，而是重点强调纵向的咬肌，因为咬肌更能体现出男性的特点（J）。
- 从外侧眼角画一条垂线，就可以找到女性脖子的位置（K）。脖子越细越显出女性的柔美。而男性脖子的起始点在靠近耳朵或下颌骨的位置，可以突出男性特征。甚至可以让男性脖颈的弧线向外微鼓，更能凸显男性阳刚的审美取向。男性的脖子有喉结（L），因此喉咙的部分要画的厚重一些。而女性的喉咙处应当平滑。另外请注意脖子应当以较小的角度与双肩连为一体（斜方肌）（M）。这有助于避免肩膀过于僵硬。
- 从鼻底的中心斜着画一条穿过瞳孔的直线，就可以找到眉弓的位置（N）。如果将眉弓画在眉毛的中间，会形成“惊讶”的表情。

眼睛的画法

在绘画头部时，用以下阐述的绘画方法有助于区分男女的头部特征。这些方法可以协助设计师绘出更精确的头部，而不是把你限制在描绘脸部的一种方式上。绘画世界各地不同民族人的脸部非常有趣。让我们首先从最能表现心灵的眼睛开始。

女性的眼睛

总的来说，女性的眼睛呈杏仁形状，眼尾微微上翘。这样绘画的眼睛明亮有神，相反，则会抑郁低沉。在绘画时注意三个重要的部分：眼睛的形状（A），眼皮（B）和眉毛的区域（C）。此三部分能使眼睛的区域更开阔，并可以最大化地表现妆容。

在正面的视角中，虹膜处在眼睛的正中间，靠着下眼皮，同时被上眼皮遮盖大约四分之一或三分之一，这样可以给人放松的感觉。如果将整个虹膜露出来，则会造成惊讶的眼部表情。虹膜被上眼皮遮盖的越多，眼神就越朦胧迷人。但是如果上眼皮遮盖超过一半的虹膜，就会形成困倦的感觉。

先下后上的画眼睫毛，在眼周的外侧绘画出一种浓密的效果（D）。眼睫毛不应当被生硬地一根根描绘，而应当将眼睫毛视为一片完整的形状，这样有助于强化眼睛的轮廓。下眼睫毛与眼珠之间有一定的距离，这样可以绘画出下眼皮的厚度。最后在眼睛的外侧绘制一些深色的阴影，形成眼眶的深度。请注意上眼皮的高光在眼睛的正中央（眼睛最高的地方）。

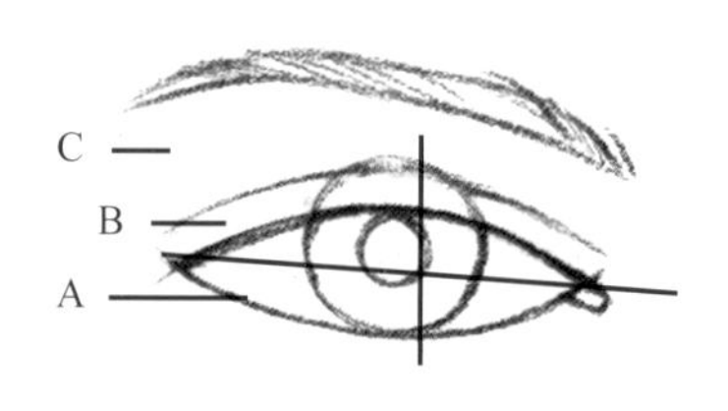

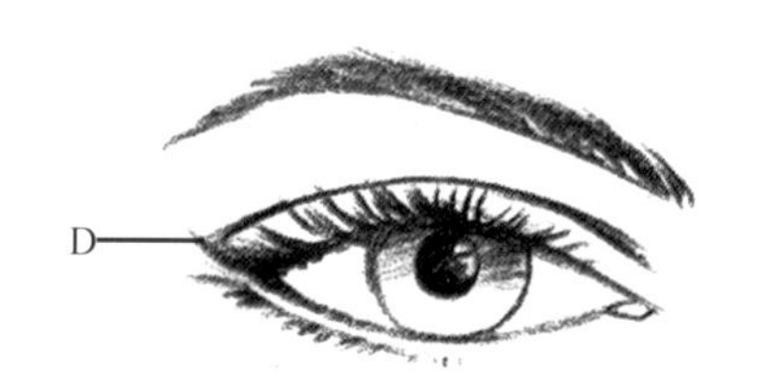

男性的眼睛

男性的眼睛跟女性类似，但形状上比女性稍微扁长一些。男性眼睛的内眼皮和外眼皮角度明显，下眼皮的弧度不大，这样可以形成男性阳刚的感觉。相对于女性的眼睛被分为三个部分，男性的眼睛则被视为一个整体。因为相较于眼睛，男性的眉骨才是着力刻画的重点。

男性的眼睫毛比较短，形成整体的流线形。虹膜同样需要被上眼皮遮住一部分，避免“惊讶”的表情。

男性眉毛的粗度是女性眉毛的两倍，由于男性不修眉，因此形状挺直，眉弓没有很大弧度。你可以在男性的眼睛下画出轻微的眼袋（E），这样可以表现出男性结实有力的面孔。但是，眼袋会使女性看上去皮肤松弛，因此避免其在女性面孔上出现。

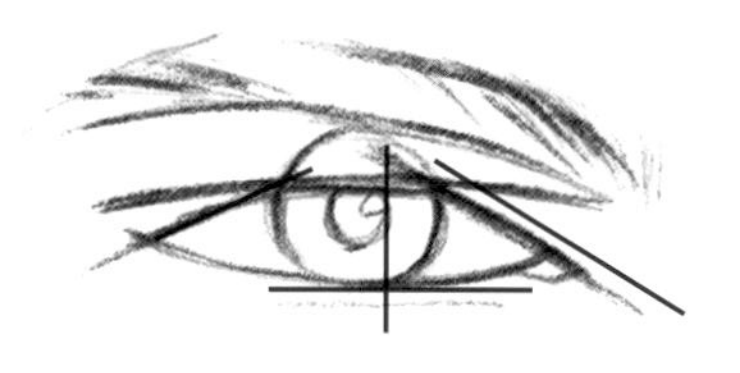

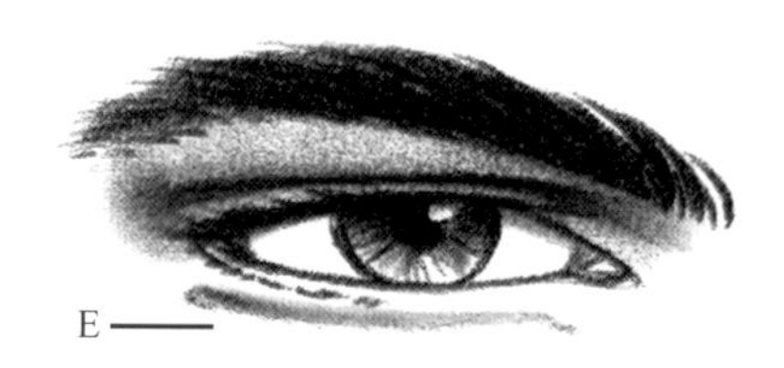

四分之三视角

即便是头部小角度的偏转都可以被视为四分之三视角，这时必须考虑到近大远小的透视关系。在绘画四分之三视角的眼睛时，虹膜和瞳孔都变成了椭圆形。并且，眼球的纵轴沿顺时针微微偏转（F）。为了强调四分之三的视角，原本对称的眼睛变成了一边长一边短（G）。这与人体微微偏转时产生的效果是一样的。内侧的眼睛与眉毛的弧形的角度会非常大（H）。

女性眼睛的四分之三视角

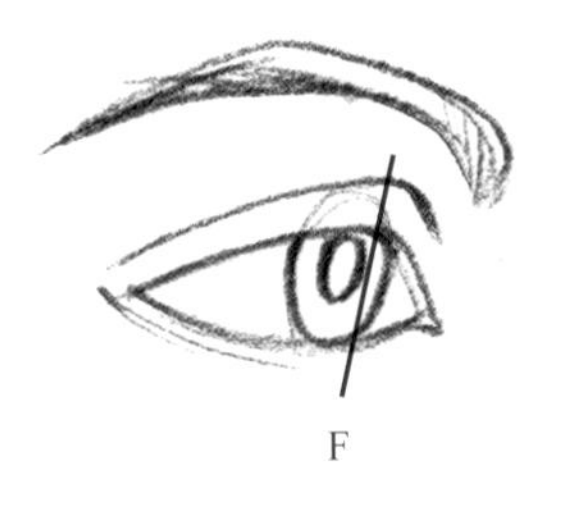

男性眼睛的四分之三视角

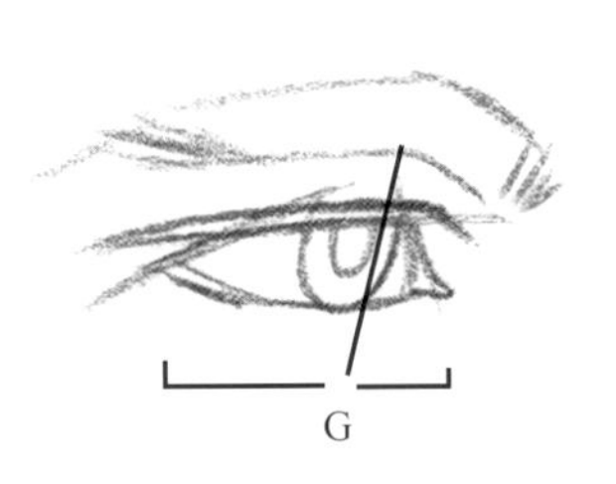

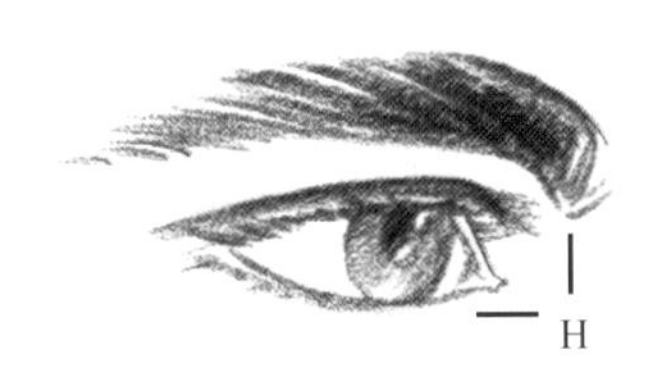

侧面视角

在绘画侧面视角的眼睛时，上眼皮的角度接近水平（A），而下眼皮倾斜的角度略大。这样有助于让眼睛的神情轻松。请注意虹膜向后倾斜并呈椭圆形（B）。眼角内侧的泪腺（C）可以表现出眼部的弧度。眼球在眼皮的包裹之内，这样可以显示出眼皮的厚度，避免平面化（D）。

眉毛的内侧会形成强烈弯曲的弧度（E）。头部偏转得越厉害，眼睛和眉毛与鼻梁之间的间距就越窄。如范例所示的正侧面的视角中，眼睛与鼻子之间保持自然的距离。

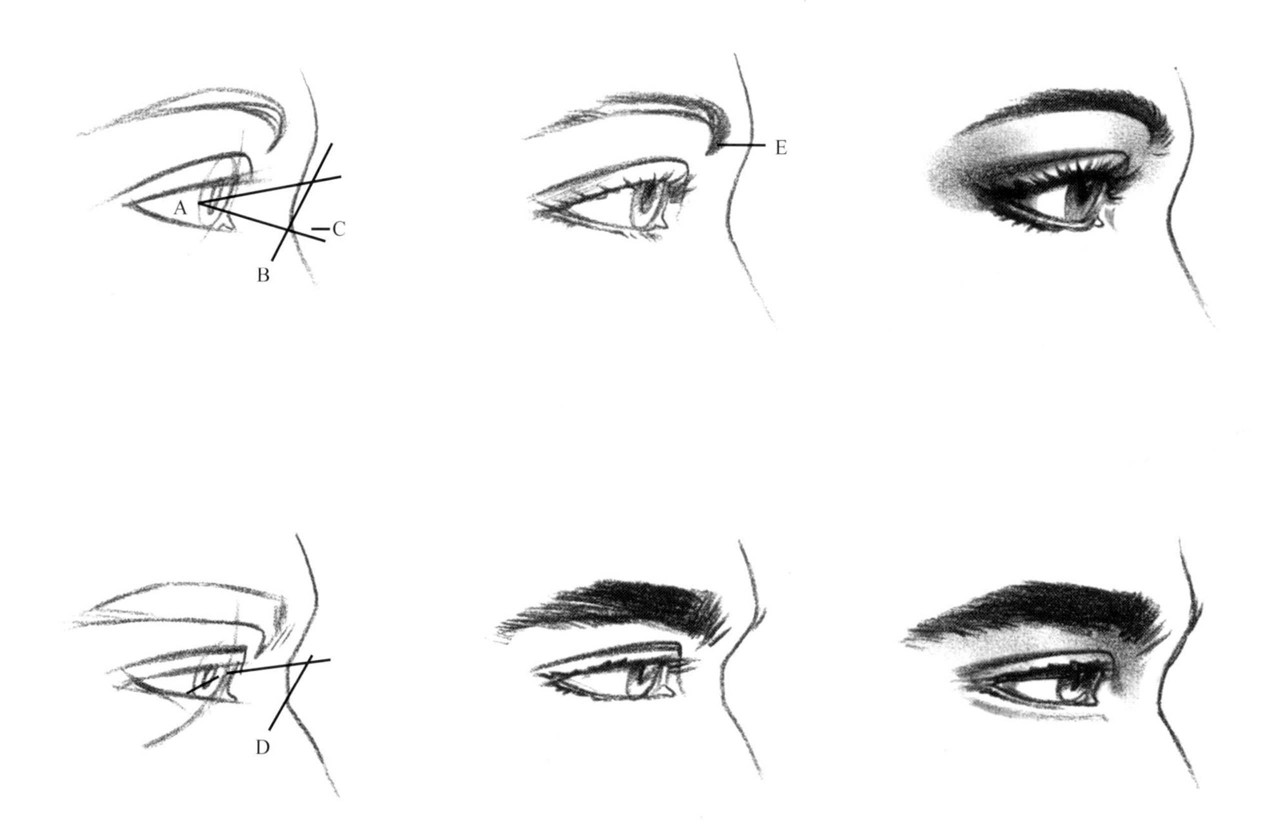

眉毛的表情

眉毛擅长用来表达人的情绪与态度。它既可以表达夸张的疑问态度（A），也可以让一张脸露出老练世故、无所顾忌的神态（B）。思虑的表情（C）也可以看做是天真的神态，可以用来表达年轻的面孔。例子中用来表达情感的眉毛搭配的都是同样一双眼睛。

这幅由查·佩拉尔塔·马丁内斯（Cha Perelta-Martinez）绘画的头部效果图，是使用手绘与Photoshop结合的方法绘制的。这种风格能把肌理和圆润的渐变晕染结合，这些技法都是绘画人的头部所需要的。

嘴的画法

除了眼睛以外，嘴是最能表达人情感的部位。纵观历史，女性一直都有涂口红的习惯，这是为了强调嘴最能表达情感，表达愉悦。嘴有不同的形状与尺寸，妆容的流行也可以改变唇形。以下的步骤可以协助你绘画出嘴的肉感与特征。

女性的嘴

在绘画正面的嘴时，可以将嘴想象成由三个主要的肌肉群组成。首先绘画一个杏仁的形状，然后纵向横向各分成两半。将三个球形排列在一起，并将最上面的球形顶端的五分之一作为唇峰的位置（A）。画一条接触过这三个球的曲线，并且线条随着球的形状而产生弧度（B）。接着在两个球形的底部画一条微微上翘的弧线（C）。

从唇峰开始，向唇角的方向画一条弧线（D）。这条弧线微微向外隆起。如若线条的弧度向内，嘴角会受到挤压，无法表达嘴唇丰满的特征。接着将唇峰、唇角和下嘴唇连接在一起。下嘴唇的唇角止于上嘴唇唇角的内侧，表现出放松、愉悦的唇部神态（E）。下嘴唇通常比上嘴唇要稍稍厚一些。

在为嘴唇上色时需要让嘴唇显得柔软、光滑、有立体感。由于上嘴唇朝向唇缝，因此上嘴唇的颜色比下嘴唇略深。不要将嘴唇上的肌肉线条刻画出来，因为这些纹路会使它看上去像是老年人的嘴唇。简洁地绘出高光，并且重点集中在嘴唇弧线的转折点（F）。

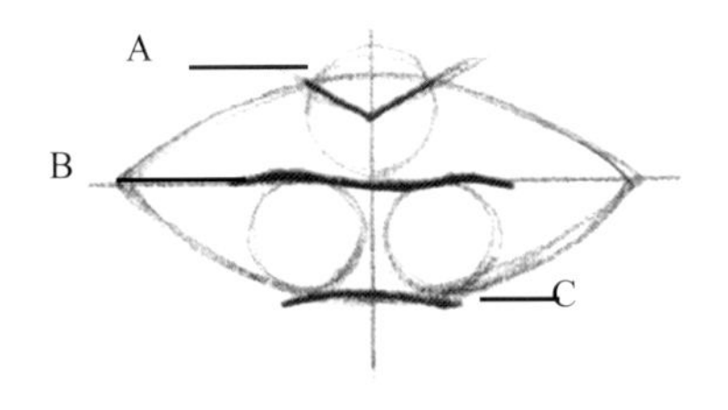

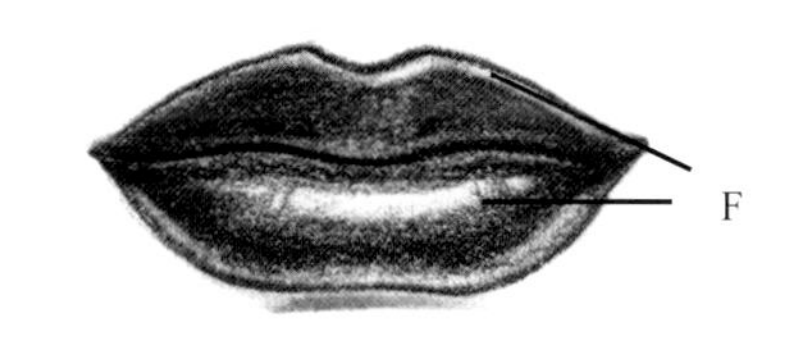

男性的嘴

尽管男性的嘴在结构上与女性相同，但是男性的嘴略宽一些。同时，男性的嘴唇不如女性的饱满。如同男性的眼睛一样，男性嘴唇的棱角明显，显现出阳刚之气（G）。在为嘴唇上色时，重点描绘较明亮的区域，并且不要把嘴唇的外围线条全部画出来（H），否则看起来像被画了唇线。

如果你仍然觉得嘴部偏女性化，可以增加一些胡须，或者稍微多强调一下结构（I）。

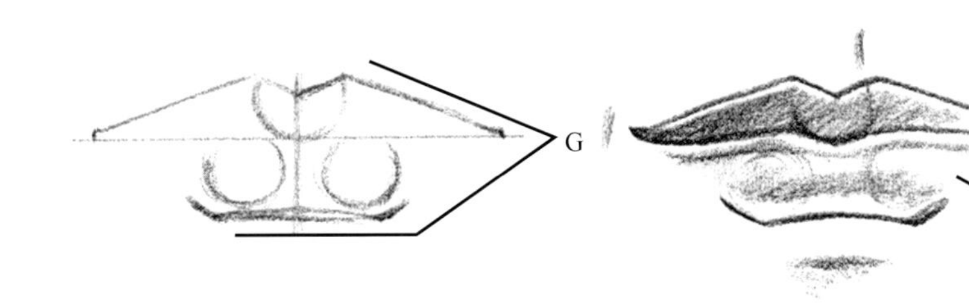

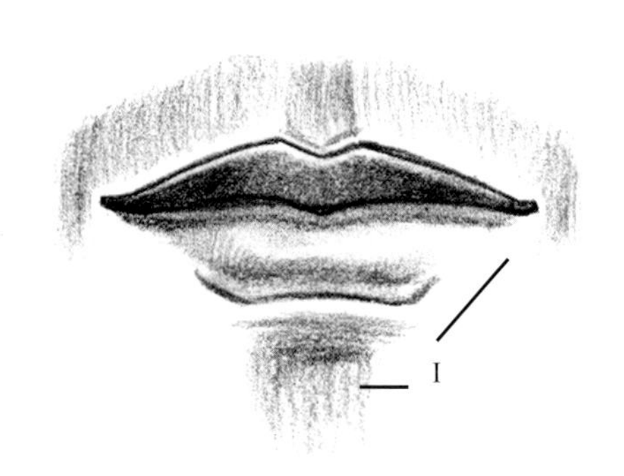

四分之三视角的嘴

在绘画四分之三视角或侧面的嘴时，最重要的就是捕捉到嘴唇两边的不同点而不是它们的相同点。在任何偏转的角度中，只要强调长的一侧（I），那么短的一侧（J）就会自动偏转。当嘴偏转时，上嘴唇的唇角会变成圆角（K）。在绘画正侧面视角的嘴时，下嘴唇的位置在上嘴唇的内侧（L）。这样可以使嘴看上去健康有活力。

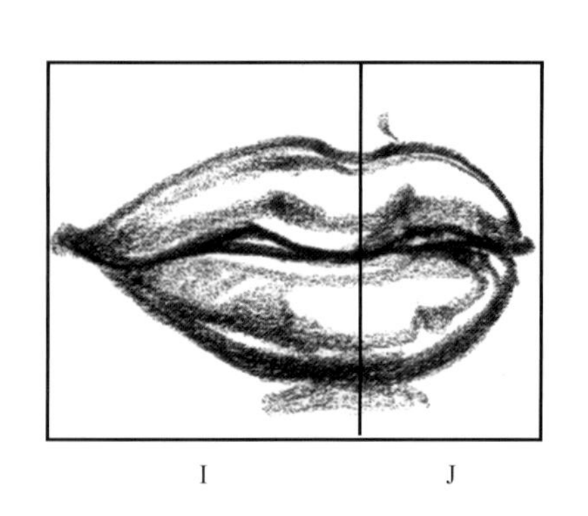

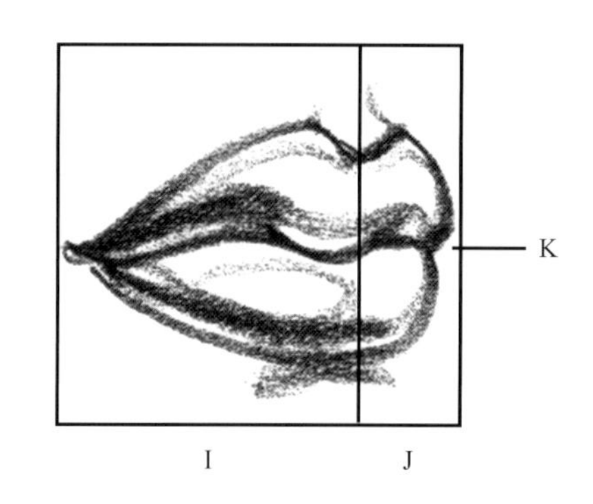

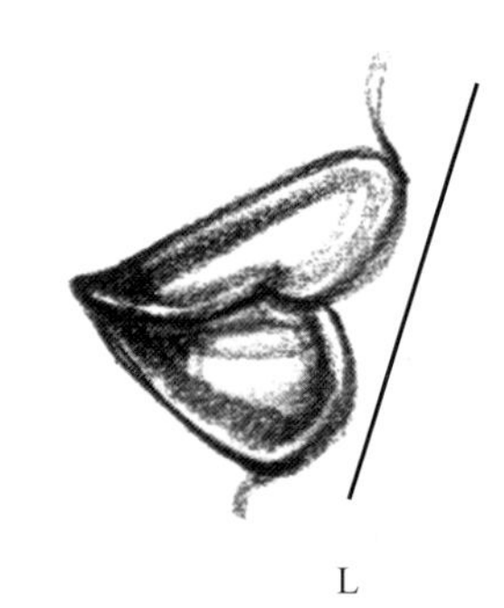

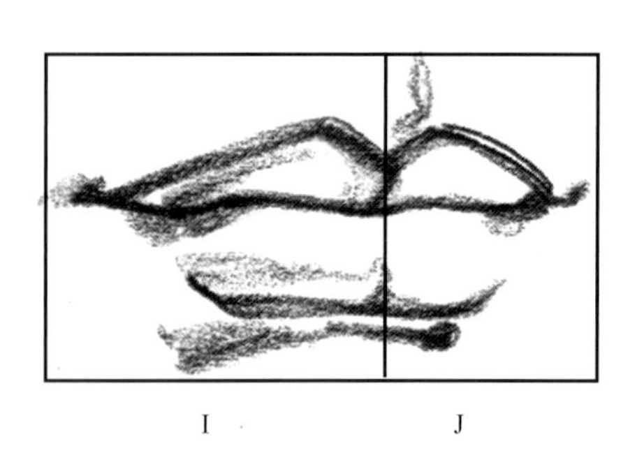

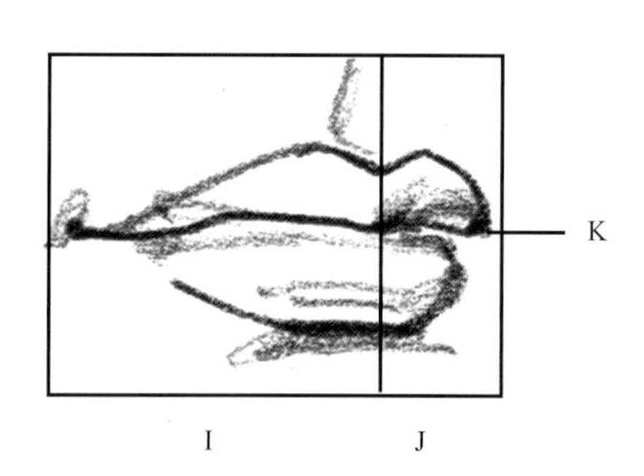

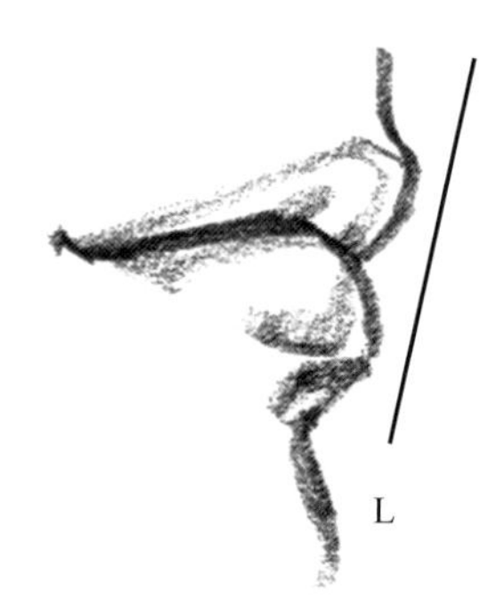

张开的嘴

我们从张开嘴的唇形开始描绘。在微笑的表情中，上嘴唇通常呈水平的状态，而下嘴唇向下的弧度变大。首先需要画一条中心线，保持左右对称。绘画出嘴唇的形状之后，画一条上牙龈位置的线，开始绘制牙齿的形状。保持牙齿左右对称，并且将一排牙齿视为一个整体。请不要将每颗牙齿的轮廓都画出来，那样会使牙齿之间的间距变大，并且被过分强调。牙龈的颜色是接近肤色的浅色。

嘴唇和舌头的颜色略深一些。不要花过多的精力绘画嘴内的细节。

在四分之三的视角中，请留意长的一侧（A）与短的一侧（B），这样有助于形成偏转的效果。请注意牙齿的中心线比嘴唇的中心线略靠后。在正侧面的视角中，由于下巴张开，因此下巴和下嘴唇的位置比上嘴唇往下来（C）。

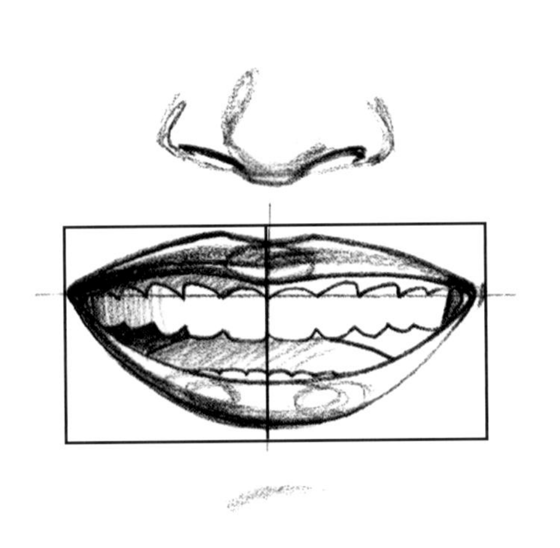

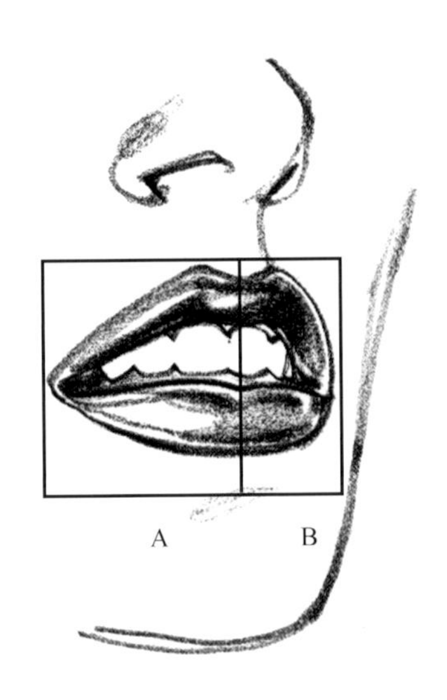

鼻子的画法

女性与男性鼻子除了大小不同以外，其他的区别很小。男性的鼻子更宽大一些。从美观的角度来讲，鼻子是脸上着墨最少的部位，没有人希望人们的视线集中在自己的鼻子上，在绘画中也是如此。

为了将鼻子尽量简化，通常只画出鼻翼与鼻梁（A）。绘画鼻翼时，只需要画出它的外轮廓，注意观察鼻翼的弧线和长度。不要将鼻孔画成两个黑“洞”。将鼻尖视为一个球形的结构（B）。在绘画正面的鼻子时，不要将鼻梁的两侧都画出来，而只是绘画一侧的阴影（C）。如果过多刻画鼻梁两侧，会形成“狮鼻”的效果。在绘画四分之三视角的鼻子时，你可以利用鼻梁的外轮廓（D）来表现鼻子的结构，赋予鼻子特征。正侧面的视角需要包含挺拔的鼻梁、鼻尖的坡面和鼻底三个结构。

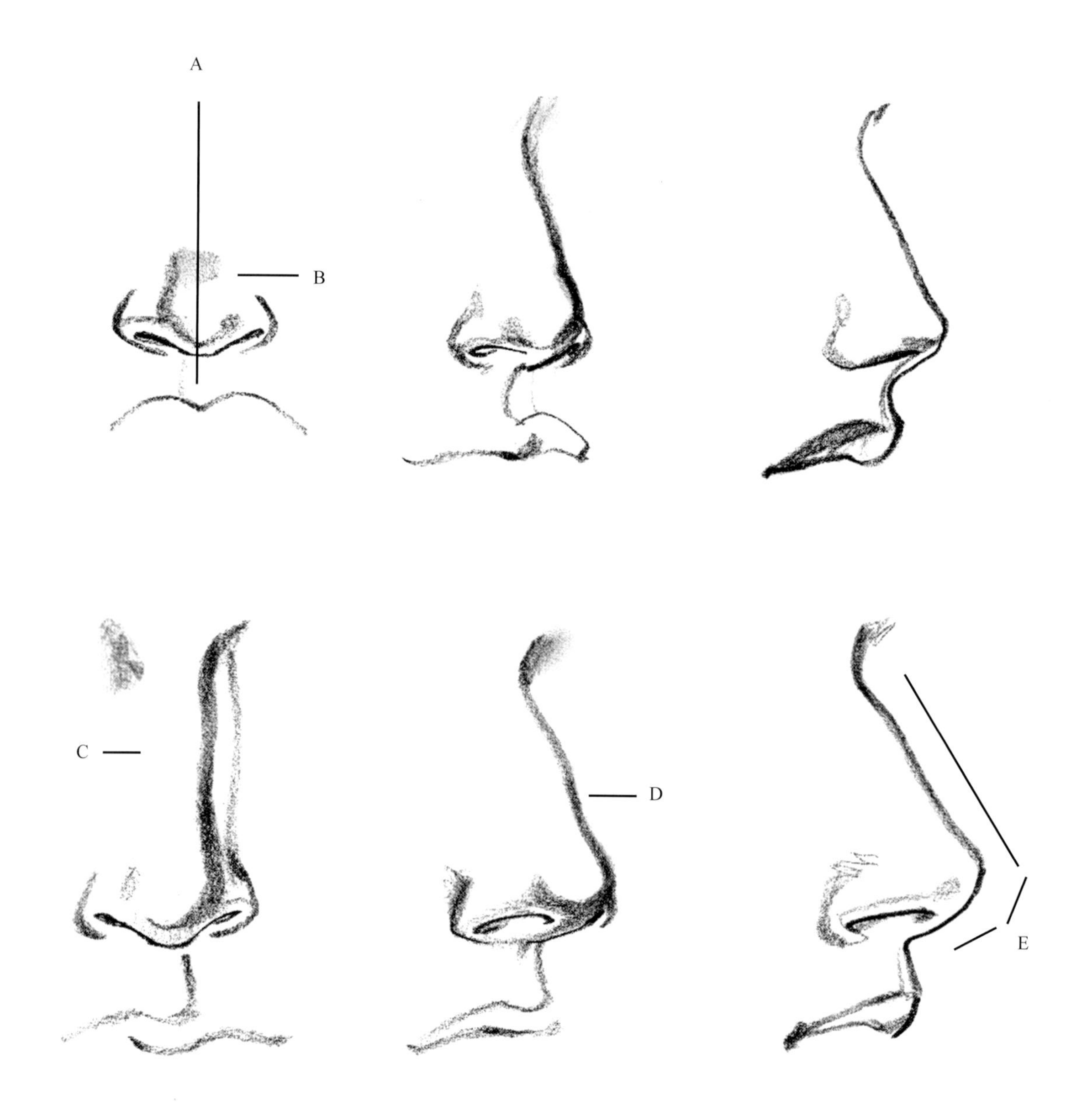

耳朵的画法

耳朵虽然重要，但是无需过多强调。除非在配有耳饰的情况下，才需要认真着墨刻画。

正面视角

颧骨在耳朵顶端的位置开始隆起，在耳朵的正前方达到最高点。耳朵柔软呈曲面，紧贴着头部，特别是女性的耳朵。在绘画耳朵时请不要过多地刻画耳廓内部的结构，或者将耳朵处理的太复杂。在佩戴耳环时，由于耳环自然悬空摆动，会形成椭圆形的透视（A）。

侧面视角

发际线从耳朵的前面开始，挂在耳根后。耳朵坐落在头骨的正中间，纵轴呈逆时针方向倾斜（B）。绘画一些耳朵内的阴影可以显出耳廓内的空间，但是请不要过度渲染。这个视角非常适合展示耳环。

背面视角

这个视角呈现了耳朵的结构。耳朵呈扁平状，耳朵背面的厚度和一些耳廓内的细节被显现出来。

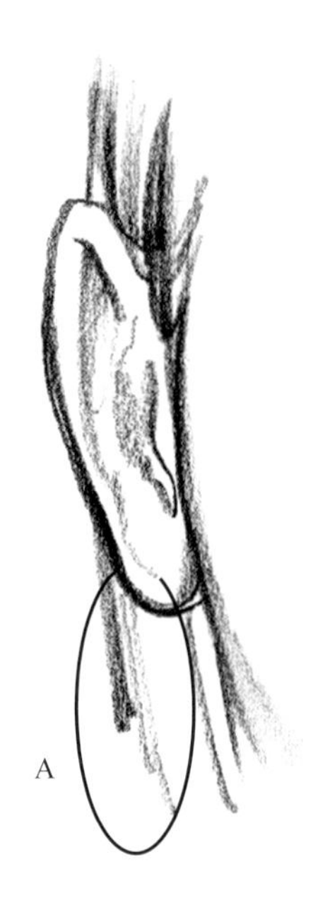

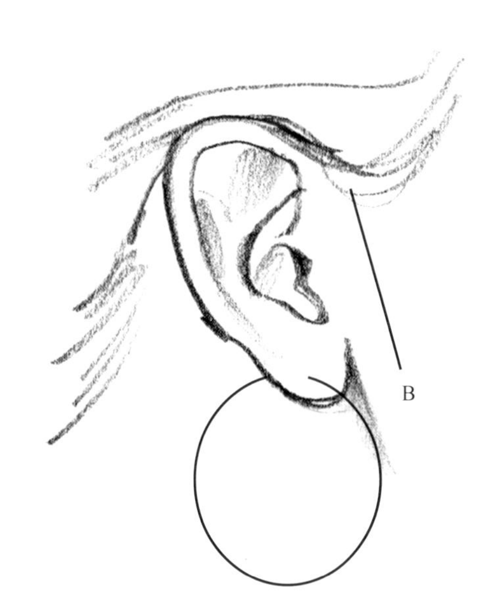

头发的画法

头发的绘画不能毫无章法。头发的造型非常复杂、变化多端，因此得当地绘画头发可以为画作锦上添花，相反，不恰当地处理头发也可以轻易毁了一张画作。可以多关注且留意发型师的作品。要画出看上去舒服、饱满、迷人的头发，首先需要思考的是头发的形状。不要把头发当成亿万根单独的线，而是要将它视为一个整体，只不过被一些头发细节划分成几个部分而已。

飘逸的长发

头发的厚度至少有2.5厘米；将头发的厚度处理得太薄是绘画头发最常出现的错误。头发被柔顺地搭在脸部两侧，适当的蓬松感可以避免头发像坚硬的头盔（A）。

卷发

效果图中将该发型划分为几个区域（B）。线条的弧度可以赋予头发弹性与生命力。可以用方向一致的细碎的短线处理卷曲度很大的头发（C）。你并不需要画出所有的发线——少量的线条即可表现出头发的饱满度和方向。

短发或盘发

阴影与高光配合头发划分的区块，可以形成非常饱满的头发(D)。亮面和阴影横跨发丝，可以带来统一性和立体感。最后用白色的画笔绘画高光，或者用橡皮擦掉线条形成高光。

这幅新娘的头纱配有珠饰和薄纱，作者使用马克笔勾勒薄纱和耳环的轮廓，然后再用铅笔上色。接着将画作扫描进电脑，使用Photoshop中的边缘处理工具刻画和强调饰品的边缘——这是铅笔无法达到的效果。即使不使用电脑处理，这种刻画和强调边缘的技法非常适用于复杂的画作，它可以划分区域，将复杂的层次分开。

头部侧面的画法

在绘画侧面的头部，或者以正侧面视角绘画时，最简单的方法就是仔细观察头部结构的角度和五官之间的相互关系，并将它们视为一个整体，而不是将它们视为单一的个体。侧面视角的五官位置与正面的相同，但是形状相差很大。以下的步骤可以快速区分不同性别的特征。步骤介绍非常笼统，画作会受到不同风格的影响，在现实生活中，人的头部也不尽相同。

男女的头部具有一些共性，头部都是类似蛋形的形状，并且由于脖子呈现出向前伸的角度，因此面庞的角度是近乎垂直的（A）。请注意脖子呈一定角度架构在肩膀上，而不是竖直向上的（B）。耳朵坐落在头部中心线的位置并朝向后脑（C）。在大多数头型中，从鼻子到下巴之间的坡面沿逆时针方向倾斜（D），但是有着凸出的下巴和嘴唇的人除外。男性与女性的下巴线条都倾斜向上（E），下巴（F）和脖子的长度也很适中，长脖子可以呈现出年轻时尚的感觉。

女性的前额、眉毛和鼻子的曲线都比较柔和。像耳朵一样，女性的五官都十分精致。由于女性的骨骼较小，因此女性的眼窝有一种放大的感觉。同时，女性鼻子到嘴巴之间的曲折的弧度更明显。女性的嘴唇较饱满，并且比男性的圆润，同时，她的下巴柔软，不如男性的厚实。她的脖颈比男性的狭窄、柔顺、修长。

相较于女性的头部，男性头部的曲线更明显，并且所有的结构尺寸都比较大。男性的前额几乎接近垂直，并且眉骨突出。跟女性相比男性的鼻子较大，骨骼较大且鼻梁较长。从人中到下巴的坡面比较直，而且嘴唇略方。男性的下巴凸出且厚实，脖子有明显的喉结，并且脖子比女性的粗。

头部四分之三视角的画法

头部四分之三视角是最富有挑战性的角度，并且需要关注的重点非常明显。有两点基本的法则可以帮助你绘画左右对称的挺直的头部。首先，要画出前中心线，这与绘画身体时需要画出中心线是一样的；其次，顺着横向的结构，分别在五官的顶端和底部画横向的弧形基准线。

男性和女性都有着类似鹅蛋型的头部。从四分之三视角的角度观察，脖颈总是呈向后的角度架构在肩膀上。建立好这个基础的结构以后，从前额的中间画一条中心线直至下巴的中间（A）。在四分之三的视角中，一侧的脸会显得宽且长，而另一侧脸则会显得短且窄（B）。这不仅反映在头部本身，还反映在五官的每一个结构上。掌握好这一条原则，可以很容易地强化头部的偏转度。

头部有两个需要注意的角度：第一是从颧骨到下巴的角度（C），这个角度微微向内收；第二是从下巴到耳朵的角度（下颌骨D），这个角度朝耳朵的方向微微抬起。

水平方向的基准线会根据头部的俯视或仰视而产生朝上或朝下的弧度（E）。无论基准线的弧度朝上或朝下，你都需要保持所有的基准线角度一致，并且左右对称，例如右眼底对称左眼底、右鼻梁对称左鼻梁。另外，中心线到左右眼睛的距离不同。由于鼻子向外伸出，而眼睛凹陷在眼眶内，因此鼻子或多或少会遮住较远的那只眼睛（F）。

这个艺术装饰风格浓郁的画作被用来做一个零售商店的圣诞促销。尽管这幅画用了非常夸张的绘画手法，它仍然遵照真实的头部及五官比例的画法。

多角度头部的画法

以多变的角度来绘画头部是表现夸张与创意的好方法。其中的窍门就是观察结构的近大远小以及五官位置的变化。举例来说，在头部朝上或朝下的角度中，头部的大小比平视的角度有所压缩。嘴会更靠近鼻子，而且耳朵的位置会根据不同的姿势变得更高或更低。以下的效果图绘画出五官结构的变化，并且画出的虚线可以帮助你保持五官的正确透视。

即使是近距离地描绘头部，我们也要保持面部的干净整洁，尽量省略一些细节，因为这些细节会使人看起来苍老。

朝后的角度

在这个角度中，头部的上半部分缩短，眼睛所处的位置不再是头顶至下巴的中间。同时，鼻尖变得靠近眼睛，唇峰的弧线两端朝下。正确地使用基准线，可以让五官自动找到正确的位置，并且所有结构的透视也保持一致。画出一条前中线，保持脸的两侧长短有所区别。着力刻画下颌骨侧面的线条可以使脖子上仰，同时轻柔地渲染喉结与下巴的暗面的颜色。

朝下的角度

在头部朝下的角度中，所有的透视线都顺着头部结构两端向上扬起。这会增加五官的弧度。同时，下嘴唇会变厚，而上嘴唇会变得非常薄。并且，由于下巴遮住了脖子，脖子会显得短。头顶会展现出来，耳朵的位置会变成在眉毛的水平线以上。

仰视

在正面仰视的角度中，五官会被压缩且平面化。下嘴唇与下眼线都变得近乎水平，而上嘴唇与上眼线的弧度则变得夸张。使用线条描绘鼻孔，而不是画出深色的洞。耳朵的位置在眼睛以下。下颌骨的线条亦变得平直。

香水瓶的画法

香水瓶的形状、尺寸和材质各有不同。为每种香水开发的香水瓶都有具体的要求，而且大部分的成本都很昂贵。在描绘香水瓶时，任何艺术手法都应当真实地展现产品的设计美感。以下例举的香水瓶详细地刻画了细节，在为销售做宣传的同时，也传达了设计师的理念。

这个雅诗兰黛（Estée Lauder）的香水瓶先用黑色的勾线笔勾勒线条，然后再用蜡笔上色。瓶子内色彩的渐变暗示了瓶子的厚度和液体的质感。用彩铅来绘画厚重的瓶身，不仅增加了画面的趣味性，还使瓶子产生厚重感。磨砂金属瓶盖是用彩色铅笔描绘的。瓶盖的高光虽然柔和，但是高光的形状与光源的方向依然很明显。香水瓶上柔和的白色高光是用蜡笔涂抹的。而犀利的高光则是用白漆描绘。瓶身上的字母是用坚硬的铅笔(2H)手绘的。背景图画的运用可以更好地表现出香水瓶身透明的特点。在这幅画中没有用到艺术马克笔，所有的绘画工具都是干性的。

由于这一款托斯卡纳（Tuscany）香水瓶的瓶身非常厚重，因此它需要更多的黑色反光来强调水晶的密度和厚度。你可以尽情地让线条在瓶身里盘旋，但是瓶子的外轮廓必须坚硬、明快。在完成了线稿以后，用彩色铅笔来绘画水晶与香水的颜色。接着用马克笔在瓶盖、瓶口的编织绳和标牌的区域的反面上色，但是将香水瓶的瓶身区域留白。在这幅画中，作者运用许多犀利、肯定的高光表现瓶身的坚硬和厚重。并且在背景中运用大量柔和的蜡笔，在形成鲜明对比的同时更显出瓶子的坚固、光滑和厚实。

磨砂玻璃和
水晶瓶子的画法

在绘画化妆品的瓶子时，你会遇见两种主要的材料：水晶与磨砂。绘画这两种材料的工具非常多，但是呈现出的效果必须要清楚地区分出这两种材料。

这幅效果图中包含了磨砂（左）和水晶（右）。所用到的工具有墨水、黑色铅笔和艺术马克笔。然后再扫描到电脑中做一些色彩的调整。

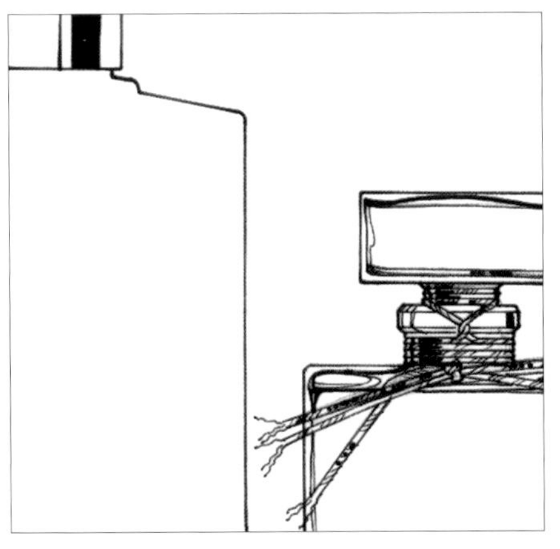

步骤1

首先画出草稿，接着用一支008的细头马克笔勾勒瓶子的外轮廓，再用一支005的勾线笔勾勒瓶子内部的细节与反光。请留意绘画水晶瓶子的轮廓线和反光的线条都非常有力度，而用于磨砂瓶子的线条则非常轻柔。

步骤2

在为磨砂瓶子上色的过程中，用一支擦笔配合石墨铅笔，使阴影的质地柔和、笔触均匀，并且在颜色上不要过深。黑色的瓶盖则是用炭笔和黑色墨水完成的。水晶瓶子同样是用铅笔绘制的，但是在瓶身内使用了黑色的细线，呈现出瓶子内光线的反射。请注意在水晶瓶内用了大面积的柔和的色彩渐变，显示出瓶子内液体的深度。

步骤3

在水晶瓶和磨砂瓶盖的背后使用艺术马克笔上色。接着再用白漆和刷子在瓶盖和瓶身上描绘一些高光。白漆给予了水晶瓶强烈的高光，进一步增强瓶身表面极其光滑形成的反光。相反，磨砂瓶的反光仅在瓶盖上。待所有的颜料干燥以后，将画作扫描进电脑里，让涂马克笔的区域的颜色得到进一步加强，并且为磨砂瓶子上一层淡淡的颜色。

这幅由文森特（Vincent）为克洛伊（Chloé）绘制的广告画表达了如何用传统的绘画工具表现人物的态度与时尚感，呈现出清新的现代感。

化妆品与化妆工具的画法

化妆的工具种类繁多。以下展现的效果图呈现了你将有可能遇见的挑战和解决问题的方法。

刷子

在绘画刷子或棒状的工具时，着重突出它们奢华的特点。应当尽量使它们显得舒适可人，而不只是毛茸茸的。效果图中展示的吉尔里恩·卡拉拉（Gillion Carrara）的腮红刷子是用纯天然的动物毛发、牛角、稀有金属和木头制成的高端奢侈品工具。请注意观察，当物体放在非平视的角度时，透视会使圆变成椭圆。再看效果图中的睫毛刷，也被着重强调毛刷感。它被绘制在马克纸上，然后被剪裁下来粘在圆柱形的睫毛膏外壳上，呈现出透明的艺术感。

带镜子的粉盒

在绘画粉盒时，最好能呈现出粉盒打开的样子，以便展现粉盒内的物体。符合实物的颜色非常重要，在必要的情况下，甚至可以直接运用粉盒内的眼影作为绘画材料。而眼影在画面上达到的效果与蜡笔类似。

唇膏

所有的化妆品在画面上都应该表现得清新且从未被用过，尤其是唇膏。这只唇膏的绘画风格很轻松，首先用炭笔绘画，接着水洗，然后扫描进Photoshop上色，得到一种干净生动的感觉。

管状乳霜

在绘画乳霜或管状的化妆品时，需要表现出它们饱满的状态。用轻松的技法上色，但是用严谨的线条勾勒物品的线条，表明此产品是全新的。

第六章 珠宝

珠宝在时尚配饰中占有非常大的比例，并且极具创新力。从戒指、项链、胸针、手表、吊坠、手镯、皇冠到权杖都属于珠宝涉及的范畴。珠宝的质地与外表各有不同，让人眼花缭乱。水晶、天然宝石、金属甚至橡胶都被用在珠宝上，激发起人们的购买欲望。

珠宝的效果图被广泛运用在各种场合，相对而言，用严谨具象的画风绘画珠宝更受到人们的喜爱。珠宝的尺寸和比例决定着它的价格和功能，因此它的实际尺寸和坚硬的自然属性决定了绘画珠宝的风格不能像其他效果图一般夸张。因此从本章的效果图中可以看出，尽管绘画的工具和风格在变，但是绘画珠宝的手法都是写实具象的。珠宝设计师比服装设计师更加注重对原材料的真实描述。

由于每一颗珠宝都非常昂贵，因此珠宝的效果图帮助非常大，它在打样前的阶段起到了极其重要的作用。效果图也非常适合表达细节，或者是表现一些拍照无法达到的效果。同时，平面效果图或产品结构图常常在生产过程中被用来阐述产品的形状与比例。

宝石形状的介绍

在此介绍的宝石形状都是普遍运用在珠宝中的。珠宝的切面被展现出来，是为了让读者清晰地看出切割宝石的方式。绘画的时候借助直尺和圆规，保持宝石的轮廓干脆坚硬。大多数的宝石都是围绕一个中心点切割的，这样可以保证珠宝最大化的折射光线。但矩形宝石是一种例外，如祖母绿形切割、大亨切割、长阶梯形切割。具有多切面的正方形琢石也是一种特例。绘画时，坚硬的外轮廓线和轻柔虚弱的内结构线可以表现出宝石的厚度和透明的特点。

模板可以有效地帮助绘画宝石（详见第22页）。

长阶梯形切割

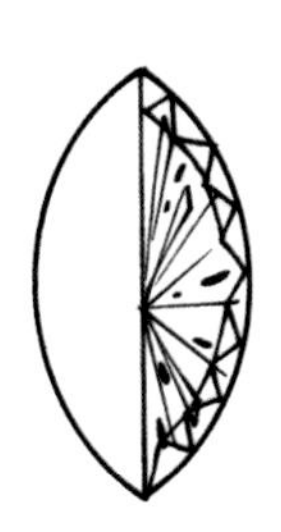

蛋形切割

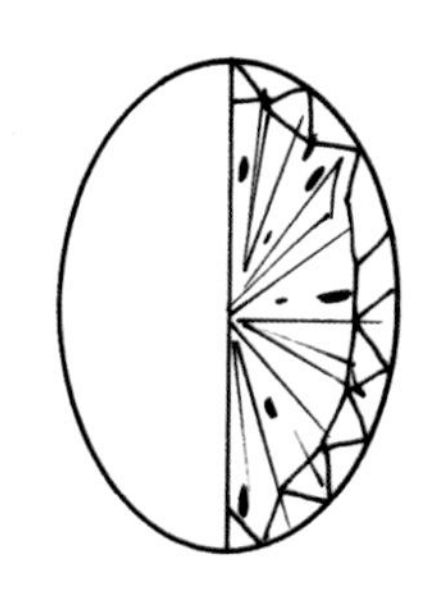

卵形切割

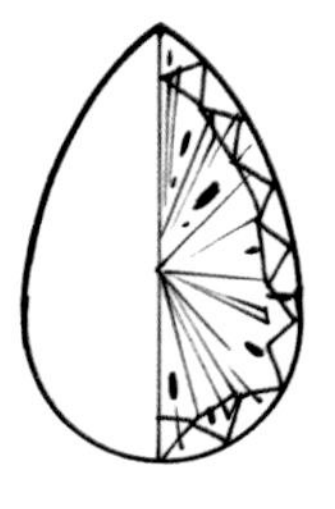

梨形切割

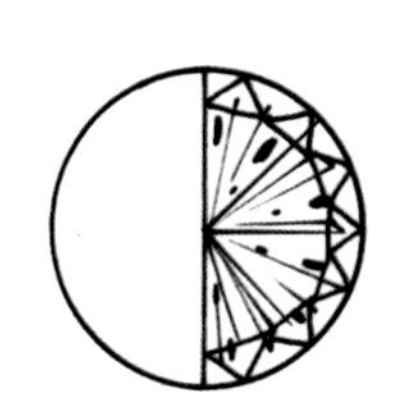

圆钻形切割

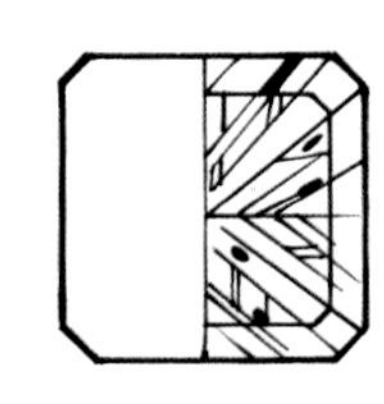

正方形切割

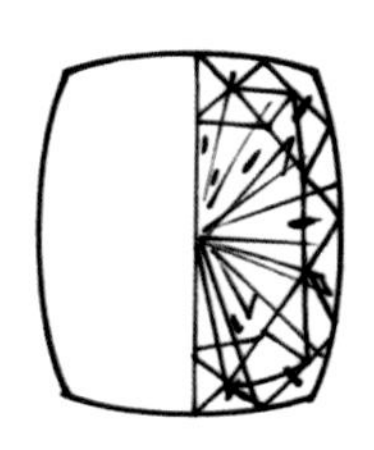

垫子形切割

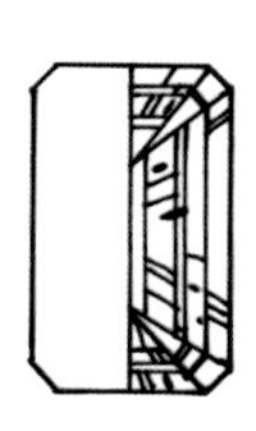

祖母绿形切割

心形切割

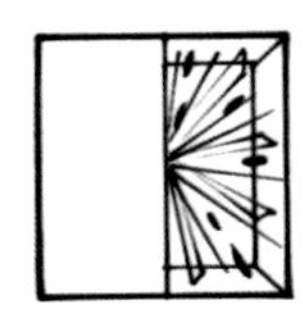

公主切割

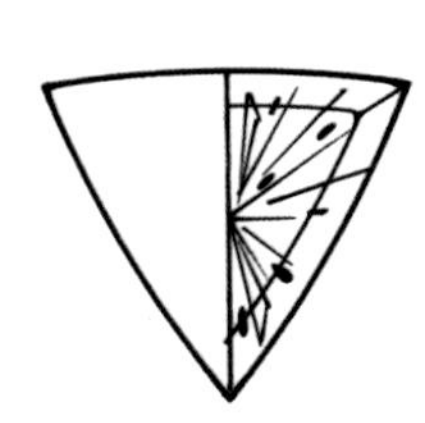

三角形切割

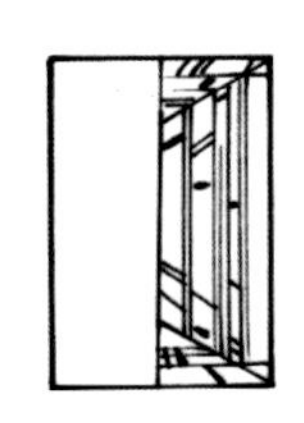

大亨切割

宝石的画法

在绘画宝石时，抓住宝石的切割特点是非常必要的，例如梨形切割、方形切割、多面形切割。尽管宝石的外轮廓非常重要，但是宝石上的切面也具有重要功用，它能更好地表现出宝石的切割工艺和特点。除非珠宝商要求绘画者画出最精确的宝石，在通常情况下没有必要画出宝石的每一个小切面。

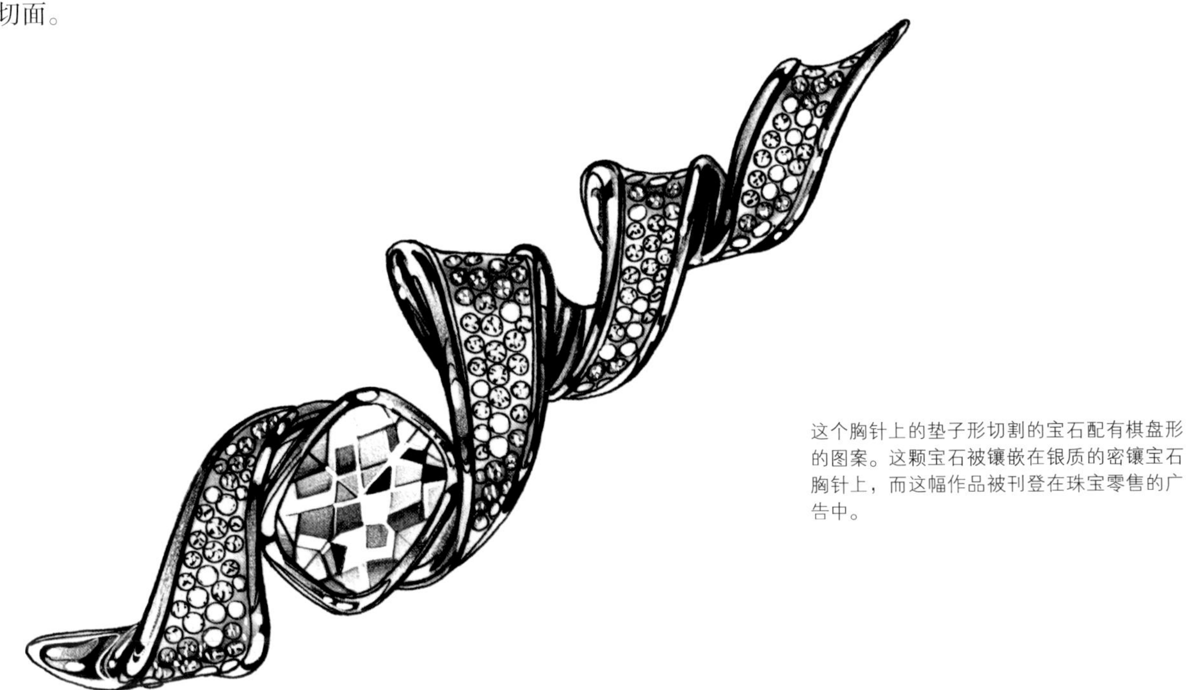

这个胸针上的垫子形切割的宝石配有棋盘形的图案。这颗宝石被镶嵌在银质的密镶宝石胸针上，而这幅作品被刊登在珠宝零售的广告中。

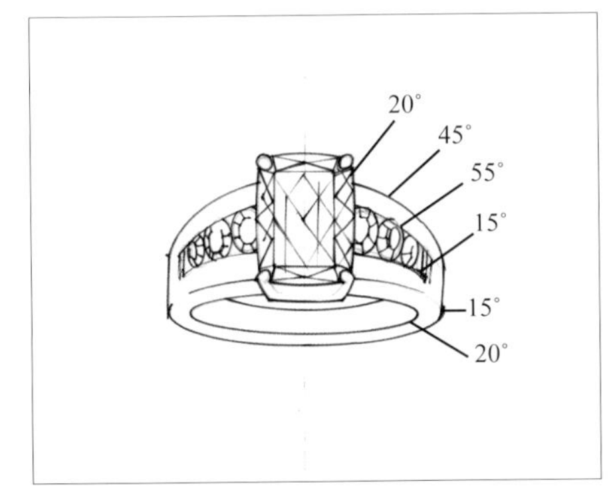

步骤1

绘画这颗祖母绿宝石戒指运用了绘画戒指最常用的视角。首先在表面光滑的素描纸上画出铅笔底稿。先画一条中心线保持左右的对称。画面上的数字显示了如何用精确的弧度组成一个完整的指环。用曲尺和三角尺绘制干净的曲线和笔直的直线。请注意宝石上的小切面并没有被描绘得十分精确，并且所有的切面都朝向宝石的中心。

步骤2

用黑色的勾线笔沿着底稿重新勾勒一遍线条。尽量运用笔直的线条绘画宝石内的小切面，并用呈流动性和富有激情的线条绘画戒指金属表面的光影变化，这两种不同的线条可以立刻将两种材料区分开来。在完成了黑笔的勾线以后，用橡皮擦掉铅笔底稿。

步骤3

运用2B石墨铅笔在戒指上上色，并结合擦笔产生光影的渐变，同时形成物体的深度。将宝石上一小部分切面涂黑，其他部分涂上柔和的色彩。再用橡皮在一些切面上擦出细的白色线条，形成宝石闪亮的效果。这些步骤全是为了表现出光影流过宝石表面形成的闪烁感。最后用小刷子和白漆描绘高光，将宝石上的高光小切面涂成纯白，得到最强烈的闪烁耀眼的效果。

彩色宝石的画法

彩色宝石被广泛运用于高端珠宝和高级定制珠宝设计。在表现高度闪烁的物体时，色彩需要形成强烈的对比——黑色或深色与白色或浅色的对比。

这枚尺寸较大的胸针，是为一家大型购物中心的高级定制珠宝销售而绘制的。作者用黑色的勾线笔勾勒外轮廓和宝石上的切面。接着用彩铅上色并制造出渐变效果。然后再用和珠宝本色相同的马克笔在纸的背面上色，渲染出厚重饱满的颜色。这一幅作品的尺寸很大，细节比下面介绍详细步骤的作品更复杂。

步骤1

先在拷贝纸上用宝石的模板和曲尺画出宝石的形状和比例，然后再将它拷贝在最后的正稿纸上。接着用铅笔绘画出宝石的形状，请注意宝石轮廓和切割面的左右对称。然后用黑色墨水勾勒出宝石的外轮廓。再使用彩色的勾线笔绘制出宝石的切面与折射的反光。彩色勾线笔的颜色比宝石的固有色和将要用到的马克笔颜色深，否则，这些线条会被掩盖。

步骤2

绘制切面上的线条，并为局部的深色反光上色，再用和宝石固有色相同的马克笔在纸的反面上色。使用马克笔让色彩形成柔和的渐变，有助于表现宝石的厚度。

步骤3

用少量的白色彩铅在宝石上绘画轻柔的高光。再用小刷子和白漆刻画一些强烈犀利的高光。尽量让高光与切面的方向保持一致。同时，用白漆填满一些小切面，制造出宝石表面高度反光的效果。如果刷子的笔触不够精细，你可以用6H或者更硬的石墨铅笔修改高光区域的边缘。

珍珠的画法

珍珠是常用的配饰并且非常有趣的绘画对象。珍珠拥有柔和的流水般的闪光，并且颜色与尺寸非常不同。在绘画时请注意区分它们的形状、颜色和尺寸的不同点。

这幅项链被用于一家大型零售商的广告中。作者使用黑色的勾线笔和2B黑色铅笔在比恩方360绘图马克纸上绘制，再用40%暖灰色艺术马克笔在纸的反面渲染背景色，更好地烘托出物体。然后用小刷子和白漆刻画高光和星形光芒，更夸张地表达珠宝强烈的闪烁感。珍珠的尺寸由近到远逐渐变小，并且在围绕脖子的过程中呈现出交叠——这是珍珠项链的常见特点，在绘画时需要仔细表现这些特点，以体现珍珠的特性。

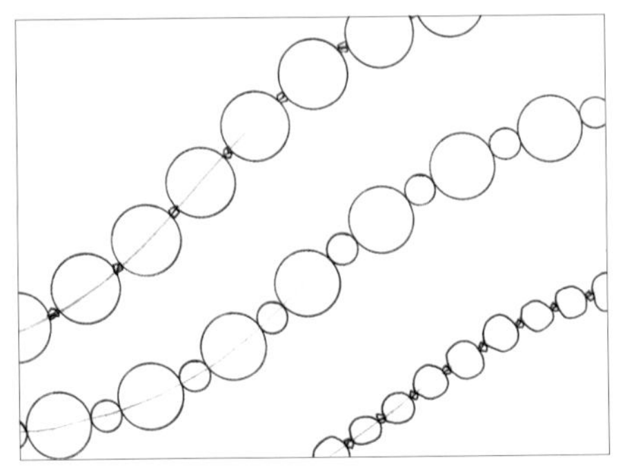

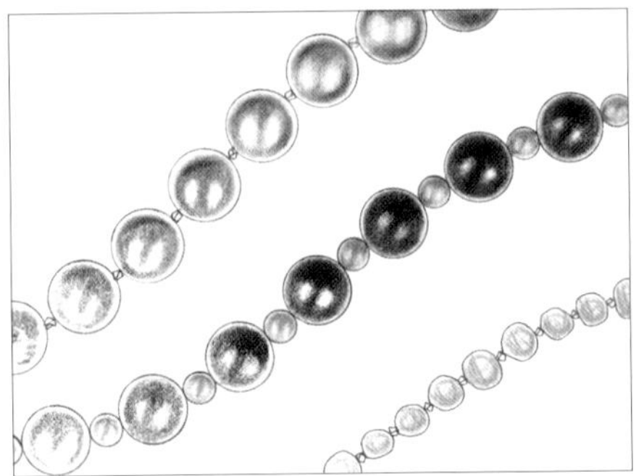

步骤1

首先轻轻地画出穿过每颗珍珠中心的基准线。然后用圆形的模板轻柔地画出每颗珍珠，请注意保持珍珠之间的距离一致，并且珍珠之间的交叠要显得自然。你可以直接绘制在画纸上，如果纸具有一定的透明度，也可以在拷贝纸上起草然后拷贝。注意在珍珠之间留出结的位置。接着，用005的黑色勾线笔勾勒珍珠的外轮廓。最下方的淡水珍珠运用徒手绘制，可以表现出珍珠天然不平整的特点。

步骤2

用铅笔为白色的珍珠上色，尽量将暗面集中在珍珠的同一侧，并且保持高光的过渡柔和。再用擦笔揉擦铅笔的笔触。粉色的珍珠和淡水珍珠都使用暖灰色的彩色铅笔上色。

步骤3

用艺术马克笔为黑色、粉色和淡水珍珠分别上色。接着使用白色的彩铅绘制柔和的高光。最后用点状的白漆提亮高光，呈现出珍珠坚硬的质感。

密镶宝石的画法

宝石之间无间距地依次排列，这种工艺叫做密镶。这是一种广泛运用于珠宝行业包括晚宴包中的设计工艺。镶嵌的宝石可以是透明的，如效果图所示；也可以是彩色的，形成如马赛克一般的效果。绘画密镶宝石最大的难点就是有人将细节刻画得过于复杂，让别人无法看出珠宝的设计。尽管可供选择的绘画材料和珠宝的款式非常多，但以下所提供的一些原则在任何情况下都是适用的，能够帮助你创作出色的画作。

这枚黑白的胸针被用作报纸上的零售广告。胸针上的宝石形状和尺寸各不相同。

步骤1

首先在拷贝纸上画出吊坠的草稿，并以正确的比例画出镶嵌的宝石。然后再用黑色的勾线笔将草稿拷贝到马克纸之上，你可以借助圆形的模板描绘宝石，让宝石的边缘圆滑坚固。宝石之间的间距越小越好，但是注意不要让它们交叠。在首饰侧面上的宝石形状会因为透视而变成椭圆形。

步骤2

用坚硬的石墨铅笔（3H）在宝石之间增加一些爪型细工（极小的圆锥状）。由于铅笔的颜色比墨水笔淡，这些爪型细工不会被过度渲染，争夺宝石的主要表现地位。在每一颗宝石中间刻画星形的细节。一部分星形使用明确的线条，另一部分则是用断续的虚线。让星形处在宝石的正中间，触角尽量不要碰到宝石的外轮廓。这样可以进一步保证宝石的外轮廓占主要地位。

步骤3

最后用白漆在一部分宝石的内部点缀一些点状的高光。请注意白漆不要覆盖宝石的外轮廓。这样可以避免高光过于杂乱。再将少许的宝石填满白漆，增强密镶宝石的闪烁度和反光度。你甚至可以在一些宝石之间用铅笔画出渐变的效果，进一步烘托出强烈的反光。

圈状饰品的画法

由于有一些首饰太过贵重不宜外借，当你需要绘画它们时，最好的方法是去客户或商店那里将它们拍摄下来。而且，当绘画的对象非常特别，如效果图中的由吉尔里恩·卡拉拉设计的首饰，将实物拍照后按照照片绘画是非常实用的方法。

在对实物拍照时，将物体放在色彩对比强烈的背景上，并注意光线与透视。从不同角度多拍摄几张，以确保每一件首饰的细节都被拍摄下来。

绘画小贴士

通过复印机，你可以将复印的尺寸调整成需要的大小。绘画作品的尺寸要大于复印的尺寸。那么复印机只需要将原图的像素缩小，而无需放大像素，以避免形成不清晰的图像。

这幅效果图用在销售产品的手册中，客户或买手可以通过手册下订单、做产品陈述。绘画者采用了严谨写实的绘画手法，避免读者产生任何误解。

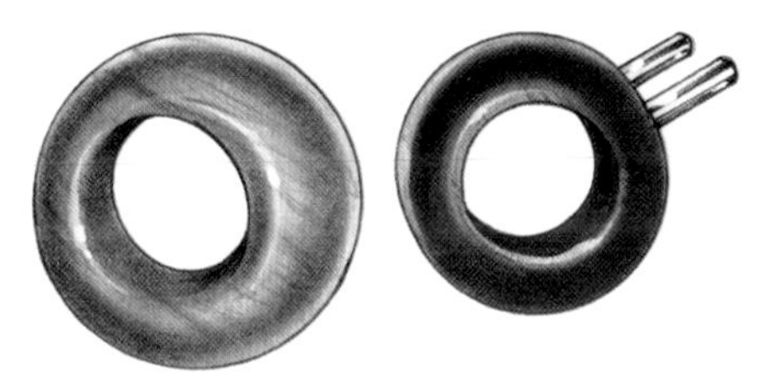

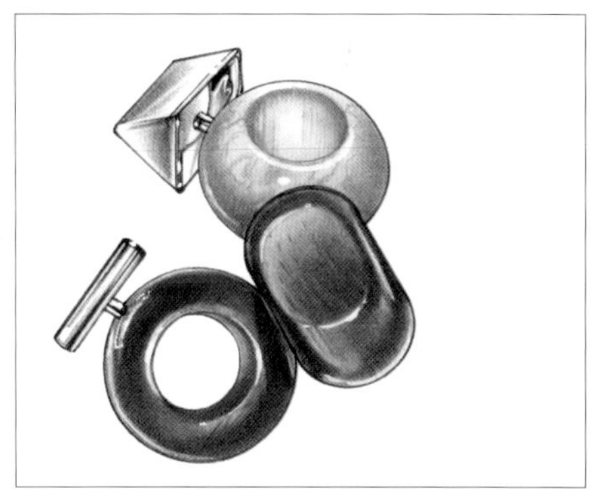

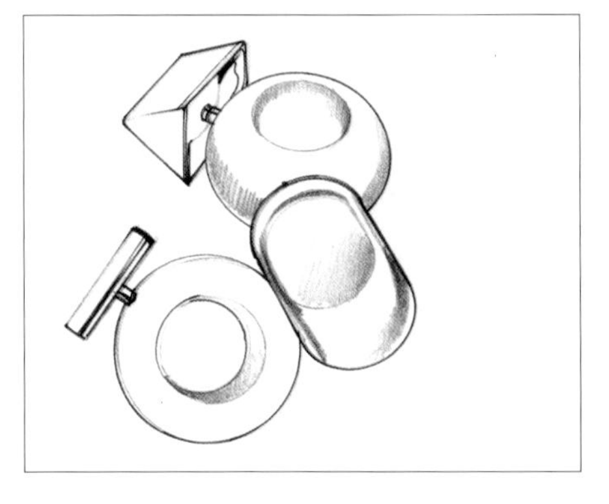

步骤1

首先用铅笔画出圈状饰品的轮廓。直接将拷贝纸放置在拍摄的实物照片上绘画草稿。借助圆形和椭圆形的模板，用黑色的勾线笔绘制出有张力的外轮廓。注意每一笔之间的衔接保持干净，不要有接头。接着在金属的部分绘制一些黑色的反光。然后用铅笔绘制阴影。

步骤2

用铅笔涂色以后，用马克笔在纸的反面上色，将不同的颜色区分开来并增加色彩的对比度。同时，绘画饰品上的纹理和印花，如这些圈状配饰上的木纹。

步骤3

最后，用防渗透的白漆刻画强烈的反光，并用白色彩铅绘制柔和圆润的高光。

图中最终的完成稿中右上角的圈状饰品发生了变化。作者用冷灰色的马克笔在纸的背面绘画了一个黑檀木的底座，并且将这个圈状饰品向上移，将它与其他的圈状饰品分开。这是在Photoshop中完成的。同时，T型底座的圈状饰品的透视也发生了一些改变，让人们能更清楚地看到它的细节。你需要不断探索从何种角度能呈现出物体的最佳状态。

扁状的金、银项链的画法

金和银是我们绘画时最常遇见的金属。金属的光泽度越高，画面上的深色与浅色的对比就越强烈。拉丝金属的光泽非常柔和。

绘画小贴士

在绘画链子时，先画好一节链子，接着不断重复，唯一的不同就是每一节链子的角度要有变化，这比单独的绘画每一节链子要简单得多。

效果图中的金银项链与一对耳环是为零售珠宝商绘制的，用来促销扁状的项链。作者分别用铅笔和炭笔为画面上色。再使用黑色的勾线笔勾勒饰品的外轮廓，制造金属干脆坚硬的感觉。待以上步骤完成以后，将作品扫描进Photoshop中加入彩色的图层。这样的绘画技巧不仅最大限度地保留了设计原稿，而且允许绘画者尝试不同的颜色。在银项链中加入了少许的蓝色，形成银的冷色效果，与金子的暖色形成明显对比。

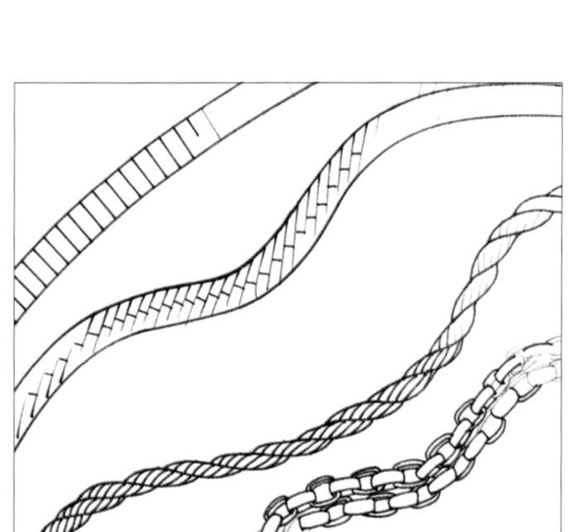

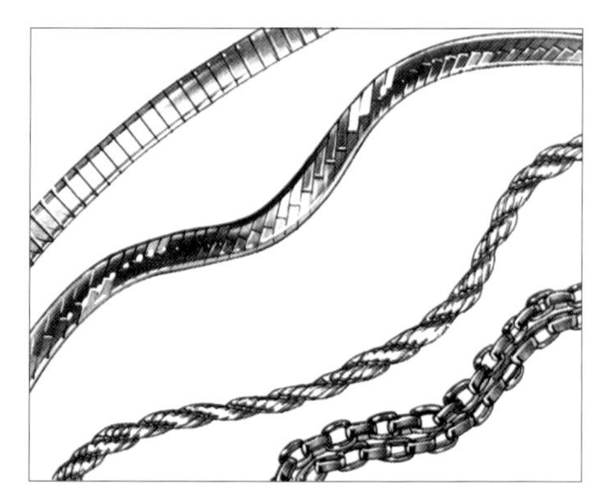

步骤1

首先用铅笔画出淡淡的线稿。可以扫描或复印项链实物，以保证作品的比例与图案正确。绘制好图案之后，用黑色的勾线笔重新勾勒线条。在勾线时先勾勒项链的外轮廓，然后再刻画项链上的分割结构。运用塑料三角尺保持直线干净平整，并用椭圆形模具保持曲线平滑，并且长度平均。

步骤2

用一支柔软的石墨铅笔绘画深色的阴影，保持项链的扁平状，并柔和地处理暗面到亮面的渐变。在边缘的处理上，用勾线笔勾勒外轮廓的同时，还用橡皮擦出一道白色的线。在处理麻绳状或链条状项链时，阴影从物体的暗面过渡到亮面，在项链的一侧的凹陷处绘画深色，并将深色过渡到凸起的位置。有一些项链的图案被故意画在项链旁边，是为了进一步强调绘画图案的技巧。

步骤3

用艺术马克笔在纸的背面金项链的位置描绘一些温暖的黄色，接着用白漆刻画高光，并且修补不够平滑的边缘和项链的阴影部分。请注意观察简单的带有重复性的点状高光。这种简单干净的绘制高光的方法赋予了金属项链坚硬光滑的特性，而又不会过度沉溺于小细节。

金链子的画法

金链子错综复杂的结构一直都是绘画中的一项巨大的挑战。效果图中的作品表现出非常繁复的细节，在绘画时可以相对简化一些。这幅作品可以用于产品展示和零售广告中。

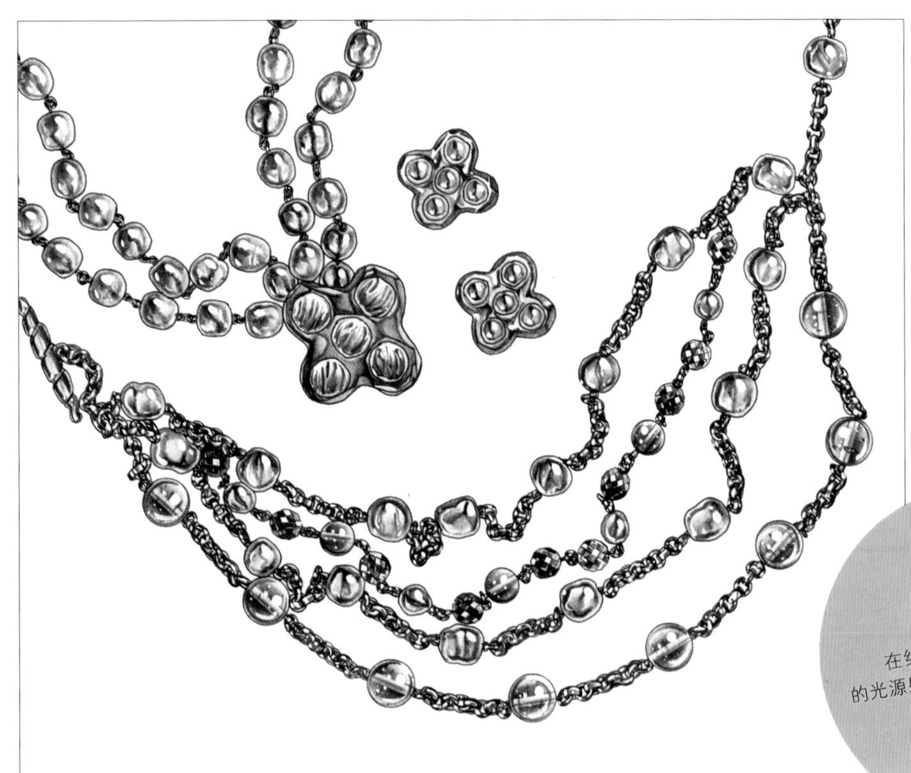

这幅由链子、珍珠和玻璃珠组成的项链被用于报纸的广告中。跟大多数的珠宝绘画一样，这幅作品需要直观严谨地表达出实物的特点。由于这幅项链并没有戴在人体上，所以作者复印了项链实物照片。这种方法可以把复杂的物体进行简化，并且缩短绘画时间。接着作者使用灯箱，将复印稿转移到正稿纸上。作者在比恩方360绘图马克纸上使用黑色的勾线笔勾勒轮廓，并用铅笔上色。最后用白漆添加高光，赋予项链闪烁的光芒。

绘画小贴士

在绘画时，假设光线从固定的光源射向物体。

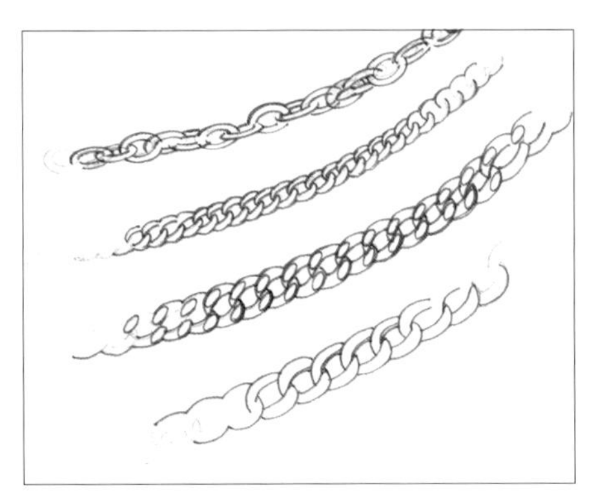

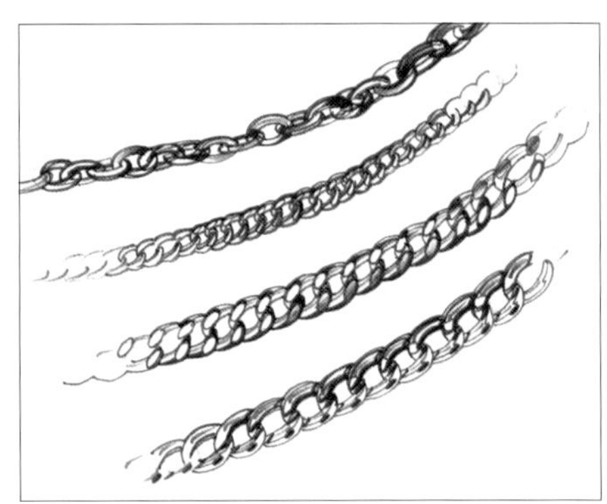

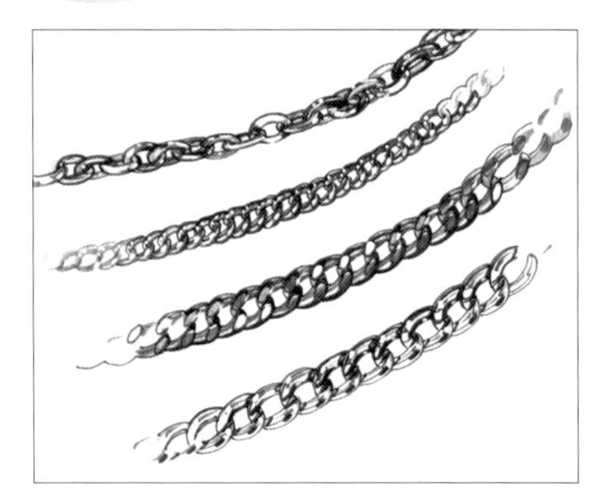

步骤1

首先用中硬度的铅笔（HB）在马克纸上绘制初稿，绘画时请放松手腕减轻笔尖对纸的压力，注意观察金属环的扭曲和链子之间的咬合。接着用勾线笔重新勾勒轮廓，并将铅笔稿拭去。最顶端的项链运用了小的椭圆形模板。其他的项链都是沿着铅笔稿上的线条，徒手不断地重复金属环的轮廓线绘制的。

步骤2

用勾线笔刻画链子上暗面的阴影部分。请注意链子的每一个金属环都是不断重复的。在绘制暗面的过程中，保持细节的清晰完整性。然后，使用柔软的铅笔绘画金属环上的颜色。在每一节项链上重复这种绘画方式，并制造出渐变的反光。

步骤3

用马克笔在纸的背面上色。运用这种方法可以很快区分出链子的材质——金、银和铜。待马克笔的颜色干燥以后，用白漆添加一些金属特有的犀利的高光。请注意每节金属环上的高光也是重复的。这样的重复可以防止过多的刻画细节，使画面保持整体性。

耳环的画法

耳环的形状、尺寸和材料种类繁多。耳环的搭扣或卡在耳垂后的座子是非常重要的特征之一。佩戴耳环的方法很多，如使用钩子、耳钉等，在绘画一对耳环时，至少有一只耳环需要明确显示出这幅耳环的佩戴方法。下面阐述的耳环绘画步骤图是使用彩色铅笔在有色纸上绘制的。这是珠宝设计师做产品陈列时常用的绘画方法。纸的颜色可以作为物体的中间色，只需要绘画暗面和亮面即可。同时，这种纸可以衬托出非常夸张的高光。

这套水晶配饰是使用铅笔画出黑白线稿。然后将黑白线稿扫描进电脑中，用Photoshop的色彩调整工具为水晶逐一上色。将所有水晶的轮廓选住，并锁住余下的背景，可以统一调整所有水晶的颜色，这也是绘画金项链时用到的技法。

绘画小贴士

有时彩铅中的光滑物质会使画面象被蜡封住一般，白漆很难着色，因此，可以尝试用喷雾固定剂为画面增加肌理，以便上色。

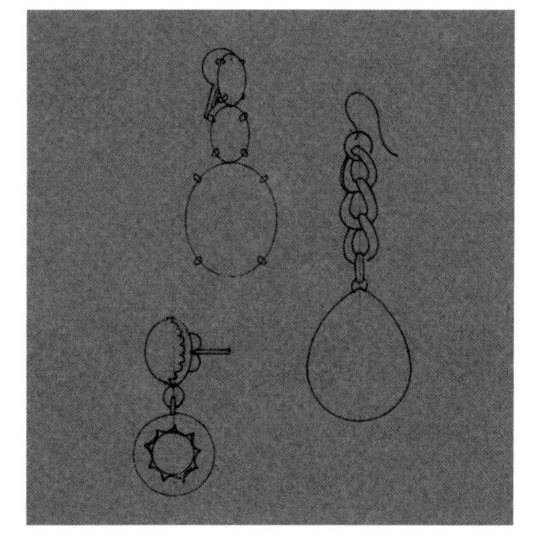

步骤1

首先在拷贝纸上绘画出铅笔线稿。借助圆形和椭圆形的模板，以中心线为中轴绘画出左右对称的坚实的线条。然后将铅笔线稿复制到一张中灰度的彩色画纸上。由于纸张太厚，使用灯箱无法拷贝底稿，因此这是一个非常实用的方法。由于打印机使用的是炭粉墨水，因此在需要修改画面时可以擦掉线稿。

步骤2

用软芯的彩色铅笔渐变地绘制暗面与亮面的颜色。将白色的部分留到最后。尽量在亮面和暗面中寻找“颜色”。金色和银色的彩色铅笔非常新颖，但是当作品印刷的时候，这种彩铅却不会再产生出金属色的效果。这里运用了黄色、棕色和橙色才产生画面上的金色。

步骤3

最后，用白色的彩铅将宝石上的亮面抛光。这种做法不仅表现了宝石的亮面，而且可以将颜色融合在一起。接着用白漆刻画宝石的闪光点。彩铅绘制的渐变高光可以达到温润的流光效果。最后加入星形光芒，使其耀眼闪烁。

太阳镜的画法

太阳镜或眼镜是非常有趣的配饰，它可以快速传递时尚感，增加戏剧效果或个性，还能传达夏日的感觉。在绘画太阳镜时，有三点需要强调：镜片的左右对称；镜架的透视与角度（特别是佩戴时）；在脸部的适当尺寸和位置。

步骤图中展示的眼镜都是用水溶性的蜻蜓笔绘制，然后用尖头笔刷和清水溶解颜料。作者运用不同的蜻蜓笔颜色上色，接着用白漆绘画高光。最后，用尖头勾线笔修复轮廓线条，使其平整流畅。

效果图中的眼镜是用铅笔绘制轮廓，然后用Photoshop上色的。这幅作品是为盖尔斯（Guess）的时尚产品在报纸上做广告用的，因此需要充分展现产品的细节。

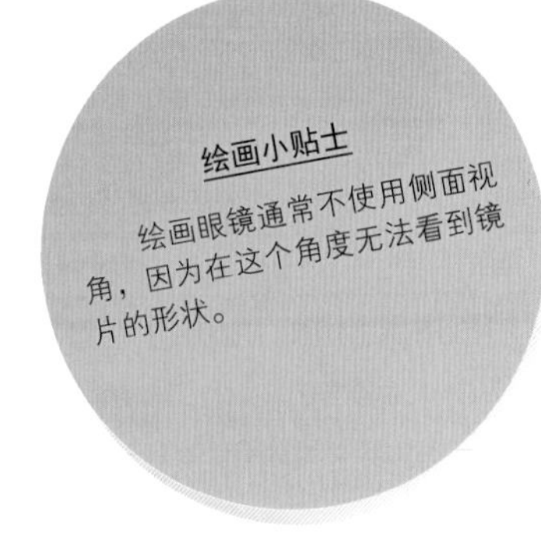

绘画小贴士

绘画眼镜通常不使用侧面视角，因为在这个角度无法看到镜片的形状。

正面视角

绘画人佩戴眼镜时，采用正面视角通常是难度最大的角度。保持眼镜的尺寸与形状的左右对称是十分重要。请注意，人物的上眼皮与穿过两侧太阳穴的基准线在同一条线上。并且大多数眼镜的镜腿与镜框之间的梁都在这条基准线上。通常情况下，眼睛应该在镜片的上四分之一的位置。

四分之三视角

在用四分之三视角绘画眼镜时，两只镜片的形状是不同的，因此绘画者易于比较和绘制两者的形状。镜腿连接镜片和耳朵，所以你需要观察镜腿的角度，通常情况下耳朵与镜腿的位置是水平的，但是由于镜腿的宽度和耳朵的高度各有不同，镜腿有时会呈现出朝上或朝下的状态。镜腿是呈放松状态挂在耳朵上的。如果让镜腿在脸上的位置下移，镜片通常会稍微向后。

反射视角

无论镜片是何种颜色，表现出镜片的反光感非常重要。请注意画面中两片镜片上相同的白色反光，这有助于表达镜片左右对称，并且呈现出镜片光滑的质感。

手表的画法

在效果图中，手表是最错综复杂的配饰之一。手表最突出的两大特点就是表盘与表带。

绘画小贴士

由于手表的设计非常复杂，绘画一些繁复的表盘难度非常高。因此，可以将表盘直接扫描并运用到画面中，或者也可以将表盘复印，然后用尖头勾线笔或硬度高的铅笔在灯箱的照射下拷贝。如果你选择了第二种方法，就需要借助圆形模板绘画干脆坚实的线条。

这里展示的手表都是使用黑色勾线笔绘画表盘，并用2B或4B的铅笔刻画表带。表带全都是鳄鱼皮制成的，但是皮革纹路的尺寸各有不同。在勾线笔和铅笔绘制完黑白稿之后，运用冷灰色的马克笔在纸的背面渲染颜色。接着再使用Photoshop的透明填充工具为表带上色。

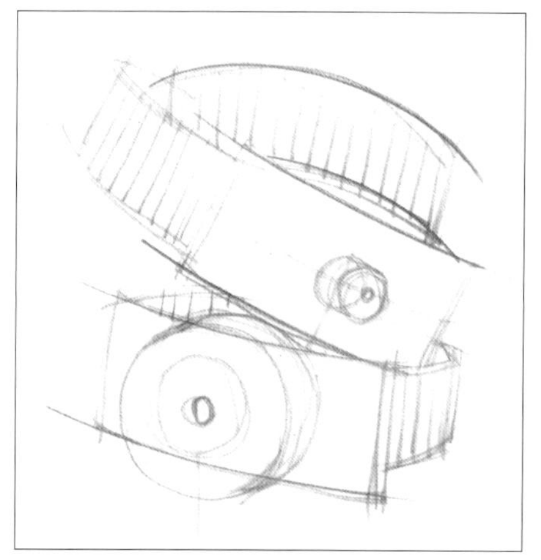

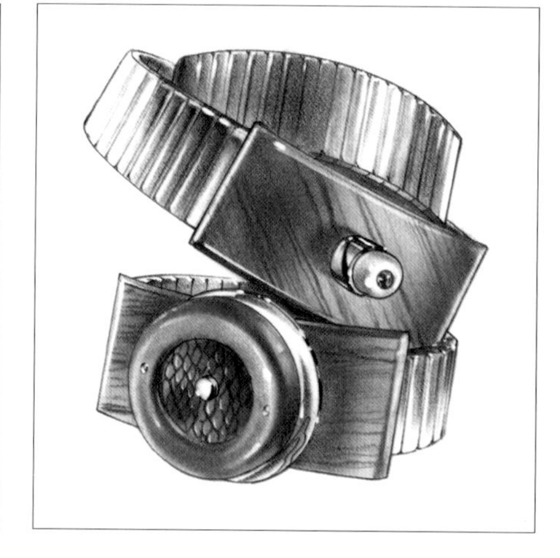

步骤1

首先用松弛的线条绘出手表的比例和定位线。同时，用十字基准线确保表盘的透视准确。这是由吉尔里恩·卡拉拉设计的现代感十足的手环表，作者参照了手表的照片以确保透视的准确性。

步骤2

确认了底稿准确无误以后，使用黑色的勾线笔勾勒手表的外轮廓，可以使用微米00（Micron）或三福005（Prismacolour）油性马克笔。在完成了轮廓线以后开始渲染色彩。

步骤3

完成了正面的色彩之后，使用40%灰度的马克笔在木质区域的反面上色。最后用细小的圆头笔刷和白漆刻画一些高光。高光可以让金属更显光泽。请注意作者运用重复的点状高光，这有助于展现表带的对称性，这种特点常出现在单一光源的画面中。

水晶与木头的画法

有的时候需要描绘以水晶或者木头作为主要材质的配饰。这些极具现代感的配饰是金工艺术家吉尔里恩·卡拉拉的作品，展现在这里的目的是为了说明，捕捉配饰特殊的颜色与肌理是表达材质的关键。这些作品被刊登在设计师的产品手册上，绘画者巧妙地运用马克笔和线条技巧阐述产品的特点。

木头

这两枚胸针使用的材料有银、乌檀木、龟甲、牛角和石南根。这些材料的名称会在产品手册中说明，但是效果图仍然需要表达出每一种材料的特性。请注意木头呈现的纹理是线状的，而龟甲呈现的纹路是斑点纹状的。

水晶

这个水晶手镯使用尖头的黑色勾线笔勾勒轮廓，然后用擦笔配合铅笔揉擦出轻柔润滑的颜色。读者可以看到如水般流动性的光影。尽量避免尖角或直线，因为这会使人联想到被切割的水晶。同时，读者可以从手镯的正面隐约看到后面，这样很好地说明水晶的透明质地。并且，阴影的部分强调了手镯的立体感。待所有的描绘完成以后，用小笔刷和白漆增加一些自由流动的白色高光和一些光滑的表面产生的闪烁。这些不透明的玻璃戒指是运用炭笔绘制，并用60%冷灰色马克笔在背面上色，表现出戒指光滑的质感。

这幅由蒂娜·柏宁（Tina　Berning）绘制的佩戴珠宝的人物画像，作者用逼真写实的手法描绘了配饰，同时用艺术化的非写实手法描绘人物背景。

珠宝术语汇总

珠宝的镶嵌工艺和材料的名称不计其数。这里介绍的术语是一些基本的珠宝词汇。最常见的珠宝形状的名称已经罗列在第148页中。

俯视／冠部

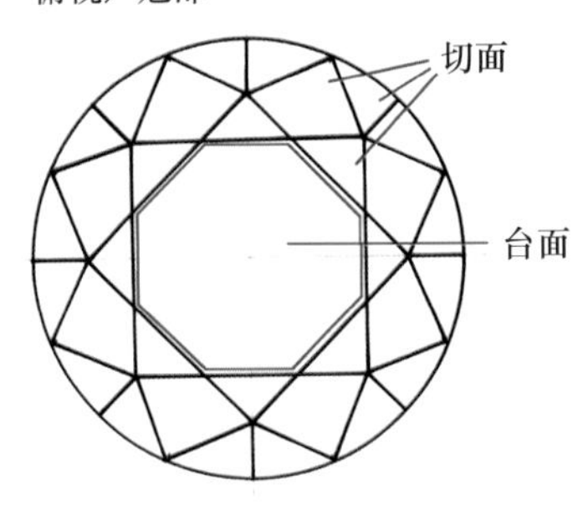

侧视／明亮式切割

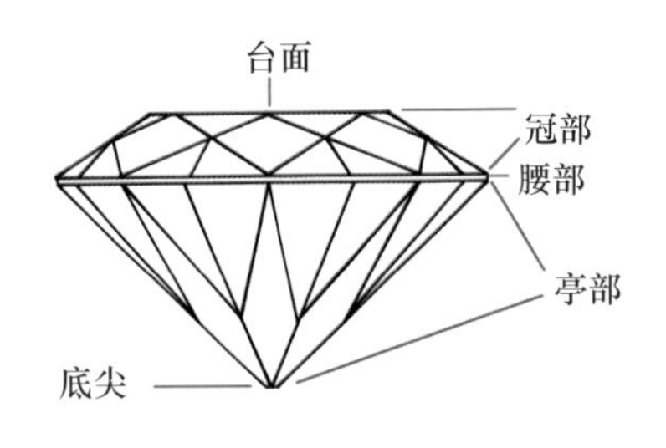

仰视／亭部

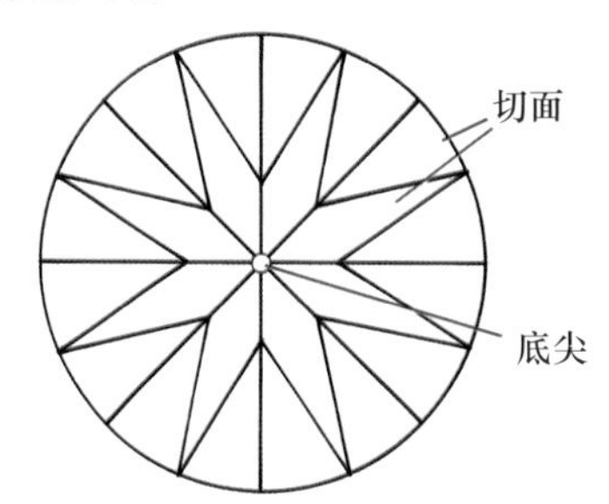

镂空：镶嵌珠宝时在宝石上雕刻的小孔，让光线能够透过宝石，使其光芒四射。

合金：两种或两种以上的金属混合在一起。

手镯：能弯曲的手环。

明亮式切割：是钻石最常用的切割方式，这种切割有58个切面，也被称为“现代切割”或“饱满切割”。

抛光宝石：是已经将宝石表面抛光但是没有切面的、底部呈平面的宝石。

石雕：宝石上通过阳面表达的雕刻。

克拉：用于珍贵宝石的计重单位。

铸造：是将融化的金属倒入模具中直至冷却，使金属得到模具的轮廓的制造方法。

槽镶：一排宝石镶嵌在金属槽里。

雕琢：用锤子或钻孔机将金属的表面雕琢出设计好的图案。

人工养殖珍珠：是由人类在养殖牡蛎中植入胚胎而培育出的珍珠。

切面：宝石的表面被切割、抛光的小切面。

人造宝石：仿真的人造宝石，可以用于珠宝饰物的制作。

金银丝制品：将金属丝拧成图案，焊接在金属的底部或形成一个网格图案。

工具：用于珠宝制造的小工具或小材料，如金属丝、扣环、钩子或别针等。

淡水珍珠：养殖在淡水中的珍珠，多呈椭圆形。

经雕琢的宝石：用于珠宝制造业的美丽的矿物或天然材料。

凹雕：通过宝石的阴面表达设计图案的雕琢方式。

切割：宝石的切磨。

失蜡法：用蜡铸造模子的一种铸造金属的方式。当模子被灌进熔化的金属时，蜡制的模子便会熔化消失。

金匠：制作金属制品如珠宝或配饰的人。

天然珍珠：没有人工介入的纯天然的珍珠。

亭部：切割宝石的腰部以下的部分。

托架：将宝石镶嵌在里面的小金属手架或小垫圈。

戒圈：戒指的圈状部分。

切割宝石的组成部分如下：

冠部：切割宝石的切面边缘。

底尖：切割宝石最底部的尖头。

切面：宝石亭部被切割、抛光的小切面。

腰部：切割宝石上将冠部和亭部分开的最宽的部分。

亭部：切割宝石的腰部以下的部分。

台面：切割宝石的最顶端平台的部分。

第七章
时尚人物画

一个时装效果图画家，必须练就随时为设计灵感创造出理想人体的技能。相对而言，服装配饰通常不需要通过站立的人体来表现。本章将介绍在描绘服装配饰中会遇到的人体形态和绘制它们的主要原理。许多绘画对象都可以被夸张，但人体效果图必须遵守特定的原则，因为它们传达了人物的年龄、特点和风格等重要信息，更表达了设计师的理念。

基本人体比例的介绍

人体比例需要服从配饰、服装和人体动作的特殊需要。下面的人体结构解析可以给读者一个理想人体的基本概念。在写实的人体绘画中，人体通常有七个半头身长。但是在时装画中，将人体拉长至八个半头长，为服装和首饰创造高挑和谐的理想人体。有一些时装画甚至将头长夸张至九、十甚至是十二头长。在本书中介绍的人体比例相对保守，因为配饰效果图没有服装效果图那么夸张。

男女人体的高度比例基本相同，以下列出了男女人体之间的几点区别，这些区别可以让人轻易地区分出不同的性别。下面的人体比例旨在探讨基于大多数身体结构类型的最典型的成人身体结构。如果将身体比例画得过小会让人误以为是小号人体、少年甚至是儿童。服装画的人体跟正常的人体相比偏瘦，否则在画纸上会呈现出加大号人体的效果——加大号人体通常被归类为单独一种服装人体类别。

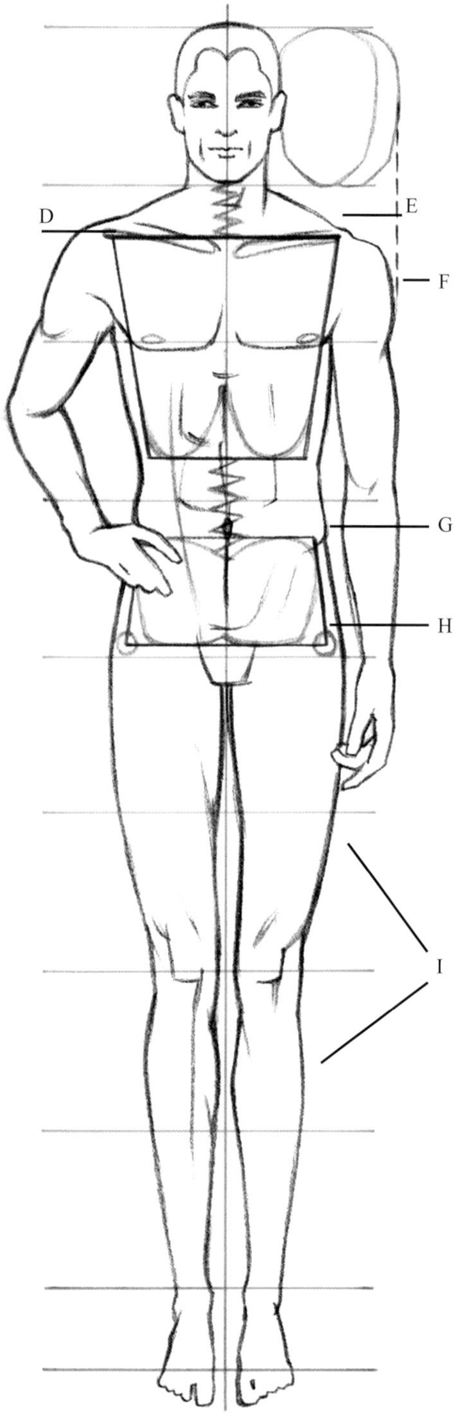

男女人体比例的区别

女性单侧的肩膀宽度大约为一个头宽或略少。男性单侧的肩膀宽度为一又四分之一的头宽。男性的肩膀跟女性肩膀相比更像一个三角形（D），而女性的肩膀很狭窄，因为肩宽与臀宽有联系。

男性的肌肉比女性的肌肉粗大，并且块状更明显，特别是在脖子（E）和肩膀（F）的区域。男性的骨骼比女性的骨骼粗壮，并且腰部平直，腰部的曲线小于女性腰部的曲线（G）。因为男性的腰从粗到细插入盆骨中，在臀部没有很多的曲线。男性的盆骨没有生育功能，所以比女性的盆骨狭窄许多（H）。同时，男性的腿部肌肉粗壮许多（I）。

尽管过去流行将女性的手和足描绘得小巧精致，但是现在女性的形象发生了改变。手掌的长度从腕关节到指尖，应该是一个头的长度。大的手可以表达一种坚强自信的性格。而小的手给人的感觉是软弱和不健康的。足的长度从侧面看也应当是一个头长。男人的手和足在尺寸上会偏大，并且更加有棱有角。当我们将男女画在一起时，可以将男性的腿稍微拉长一些以显示男性的身材稍高。

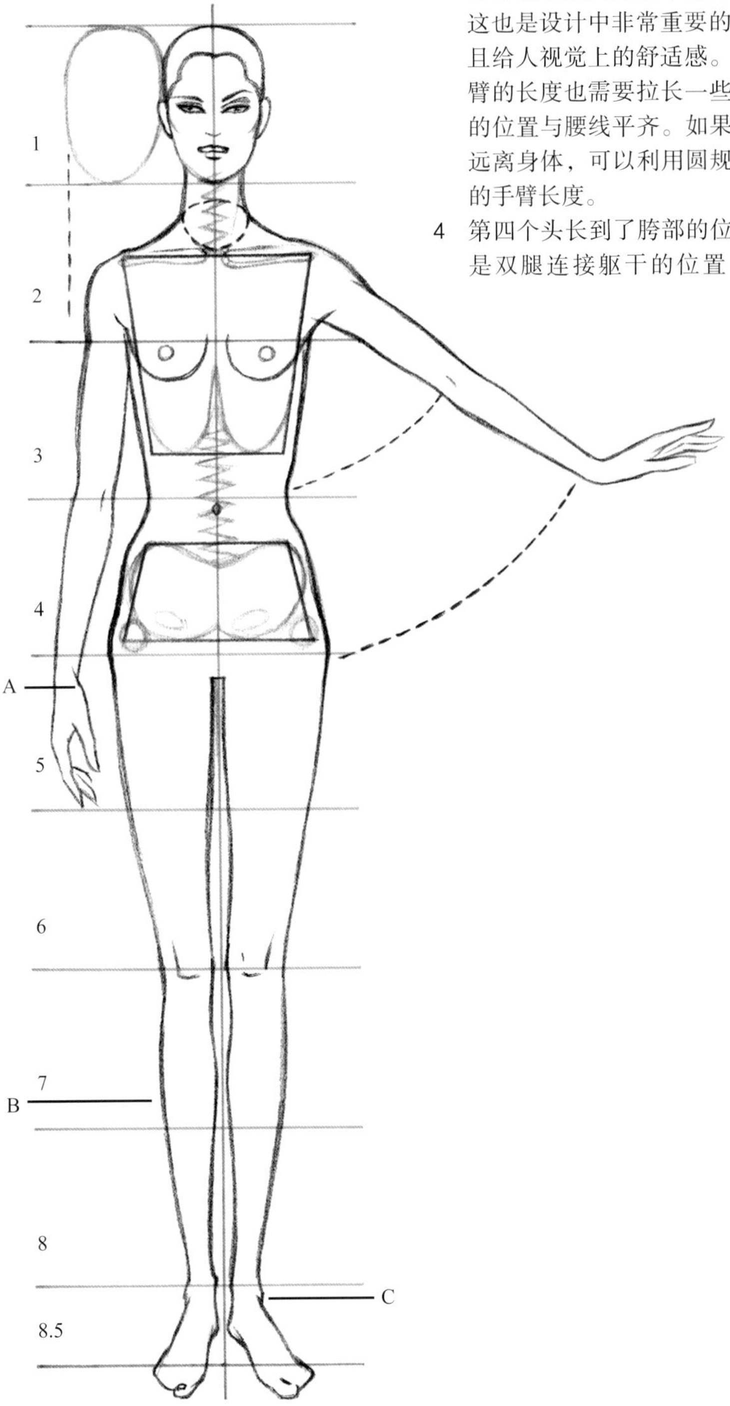

1 头部的尺寸（从头盖骨至下巴）影响着整个身体结构的尺寸的绘制，并对人物年龄的表现有所影响。

2 从画好的头部往下一个头长，可以找到胳膊与躯干的结合点。这个点在女性胸线向上一点的地方。在这个头长中包括了脖子（通常被拉长一些）和肩膀厚度。

3 向下的第三个头长就到了腰线或肚脐的位置。这也是第一个被拉长比例的部位。在这一部分多加入四分之一的头长，可以帮助拉长躯干中部并且增加人体上半部分的高度。这也是设计中非常重要的部位，并且给人视觉上的舒适感。同时，上臂的长度也需要拉长一些，使手肘的位置与腰线平齐。如果胳膊伸展远离身体，可以利用圆规找到正确的手臂长度。

4 第四个头长到了胯部的位置——这是双腿连接躯干的位置。所有的设计都发生在这四个头长以内，胯部以下的部位则尽量保持简单纤细，如大腿中部、膝盖以上、膝盖以下等部位。只要保持这四个头身正确，你可以将腿部的长度随意加长，并且效果图中的人体不会和现实的人体相差很远。胯部的位置与腕关节平齐（略高于拇指关节）（A）。

5 第五个头长到大腿中部的位置，这个位置跟西装和夹克的长度有关联。这也是手指尖到达的位置。

6 第六个头长是到膝盖的位置。

7 第七个头长的位置没有特定的讲究，大约在小腿中部（B）。

8 第八个头长到了脚踝位置。请注意内侧的脚踝骨点要高于外侧的脚踝骨点。

8.5 第八个半头长到了足接触地面的位置，这包括了脚穿着一双中等高度的高跟鞋。

为了把人体拉长至八个半头长，多余的四分之三头长被均匀加入第四至第八个头之间。如果你想绘制一个非常夸张的人体和腿部，可以让小腿（膝盖至脚踝）的长度大于大腿（胯部至膝盖）的长度。因为脚踝的线条流畅地衔接足部，这个部分的腿相对较长。

女性人体的姿态

除了人体比例之外，人体姿态是效果图绘制的重要因素之一，它可以直接给人视觉冲击力。绘画时将人体躯干拆分和简化成两个盒子的形状，可以表现骨骼的结构。第一个盒子（A）的顶端在三角肌，底端在最末端的肋骨。第二个盒子（B）是骨盆。这两个盒子的形状不能随意改变和扭曲。它们由直通向脑后的脊椎联系在一起。人体的运动就是依靠这两个在脊柱上的盒子互相绕轴旋转。

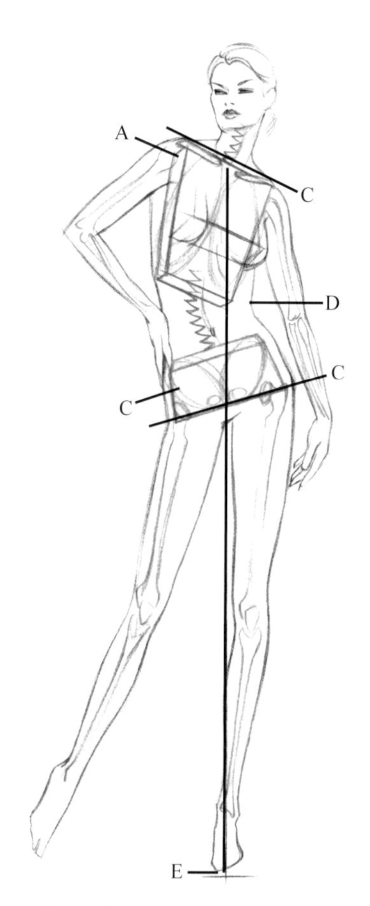

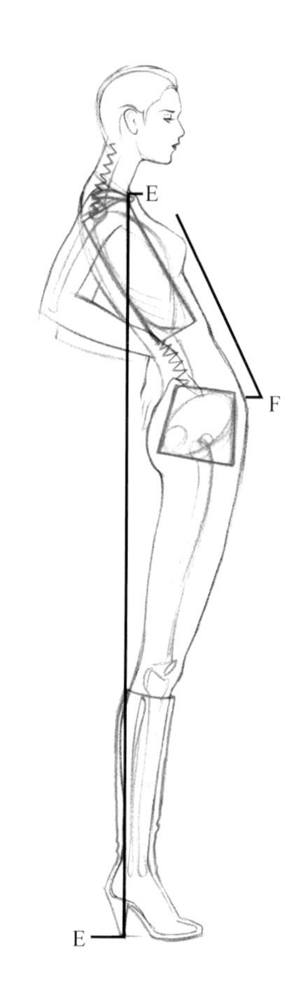

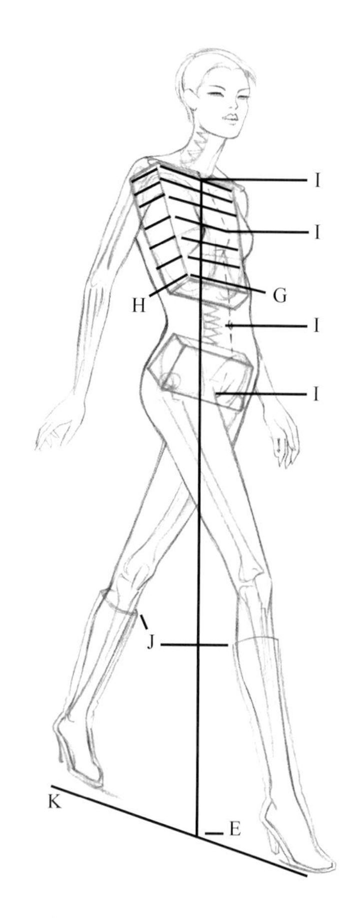

正面和背面姿态

在正面（或背面）的视角中，首先需要注意的就是肩线和臀线的相交关系（C）。由于人体的体重主要集中在一只受力腿上，因此这只受力腿向上推动盆骨的同时，这一侧肩膀向下倾斜，以平衡身体的重心。与此同时，身体的另一侧会产生反方向的且相同幅度的运动。并且，身体受力的一侧会产生曲折（D），另一侧则会随之伸展，以形成人体的平衡。建立起身体的重心非常重要。在站立的人体中，从喉咙垂直地面的点便是人体的重心点。你可以画一条从喉咙至地面的垂直线。人体承重一侧的脚（E）应该在重心点的位置。

侧面姿态

描绘这个角度需要考虑盒子的宽度。无论是人体的正面还是侧面的姿态，第一个盒子的顶端都较宽，因为它包括了肩胛与三角肌的宽度。盆骨的盒子则相反，特别是在女性人体中，盒子的底端较宽，顶端较窄。在侧面的视角中，你可以看到盆骨被推向前（F）。无论是男性还是女性的身体，上身的躯干从胸腔到盆骨之间都呈现出向前的状态。人体的重心点依旧是从喉咙垂直到地面，因此腿需要向后收直至重心点（E），让身体达到平衡。

四分之三视角姿态

在人体的四分之三视角中，需要考虑到盒子的宽度和身体的两侧（G和H）。注意观察人体的中线（I）从喉头的中心、胸的中心、肚脐延伸至胯部的中心。由于人体上身躯干呈现自然向前的状态，因此第一个盒子呈现出向前的趋势，第二个盒子则相对的呈现向后收的状态。在绘制服装时需要将这些人体的动态谨记于心，例如在例图中的两只靴子顶部的弧线是不相同的（J）。任何的人体动态都会在透视上呈现出两脚的位置高低不同。正确的脚部位置可以让人物的动态具有舒适感。如果将两只脚画成侧视的角度，脚部就无法与臀部的动态关联起来，会导致画面扭曲（K）。

男性人体的姿态

男性人体的盒子结构与女性的非常相似。但是，仍有两点明显的区别。首先，男性的第一个盒子比女性宽，因为男性的肩膀较宽，男性的躯干更接近倒三角的形状（A）。其次，男性盆骨上的臀部骨骼不像女性的夸张（B）。并且，男女人体的重心线都是从喉咙垂直至地面，这个重心点承受了人体大部分的重量（C）。

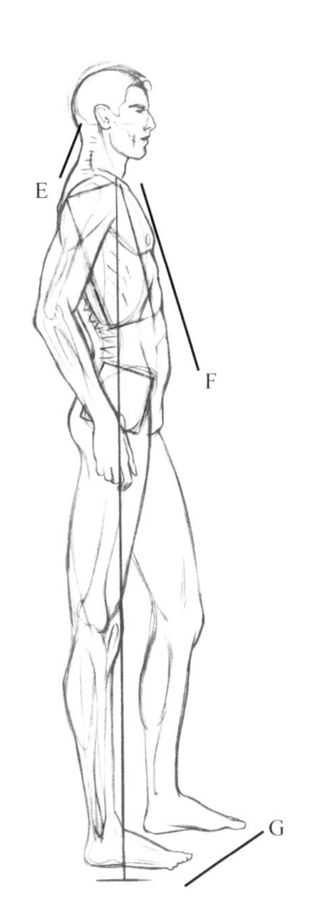

行走姿态

人行走时，人体的主要重量在两个脚之间替换，因此需要注意肩线与臀线的角度。承重侧的骨盆向上推，肩膀则相应的向下压。承重腿永远在肩膀较低的那一侧（C）。由于双臂以人体为轴心摆动，因此一只手臂向前伸，另一只手臂则向后摆。请注意两只手臂不同的透视（D）。非承重腿从膝盖以下向上抬起，产生近大远小的透视。因此你可以看到完整的约一个头长的足部。

侧面姿态

脖子并不是直立在肩膀之上的，而是自然前倾，与肩膀产生一定角度（E）。这样，人体姿态自然舒展。正如女性人体一样，男性人体的盆骨以上的躯干部分往前送。在描绘上半身倾斜的角度时请注意，男性人体没有女性人体那样夸张的曲线（F）。同时，请注意脚尖指向的方向与膝盖方向是一致的（G）。

坐的姿态

请仔细观察身体的比例。在坐的姿态时，很容易将躯干画得过短。因此需要特别注意上身躯干的倾斜角度（H）。不要将身体画成竖直的状态，那样会使身体看起来很僵硬。由于上半身向后倚靠，盆骨则会相应的向前推，在透视上你可以看到两个盒子的底部（I）。这个向后倚靠的姿势使臀部向前伸（J），因此臀部不会向后突出。并且请注意身体的前中心线（K）。

形的画法

在绘画中，眼睛对形的敏锐观察是最好的绘画准备。敏锐观察可以帮助绘画者解析非常复杂的物体。这一小节将会展示如何观察物体和描绘物体的形。

绘制物体的形不仅仅是描绘轮廓。它包含了物体的外轮廓、空间构成，以及它们彼此之间的关系。它通过比较物体的角度、比例、曲线和体积来表现精确的比例与物体的特征。

姿势

无论是绘制饰品、人物还是城市风景，将实物摆在面前也未尝不可，仔细观察物体可以让你看清物体之间的关系，自信而又准确地画出物体。与其将画面拆分成复杂的细节和肌理，不如一开始就将画面理性地拆分成图像和色彩的轮廓。

图像的形

将每一个色块想象成单一的颜色，并仔细观察具有不同特点的表面，如皮肤的表面是光滑的，但是羽毛的表面却是细小的绒毛。将所有的边缘、角度、曲线和姿势（红线）与纵向和横向的绿线比较。注意观察人物中的空档（洋红色的区域）。这些空档可以帮助你调整手臂和腿部的角度。将注意力集中到物体的形上，可以简化杂乱的衣褶，集中地表现设计师的意图。将每一个色块处理成全封闭的状态。不要画出衣服上的褶皱，但是通过外轮廓线条来表现服装的内部结构。有时可以将物体的形明确分离出来，如将靠前的那只手套与身体分隔开，但是有的时候需要将形与形合并，例如将头发和帽子的形合在一起。

形的画法

从纸的上方开始描绘，尽可能多地让画纸容纳人物的身体。用一支粗笔打草稿可以避免过多地沉溺于细节的刻画中。用一条线画出完整的形——如用一条线画出一顶帽子，甚至将帽子与头的形合并在一起。描绘的第一个形将会决定画面中其余形的大小和比例。在描绘的时候，更多地将目光放在物体身上而不是画纸上，你只需要偶尔检查画面的进度和形与形之间的关系。培养精确的观察能力才是训练的目标——首先画出一个准确的形，然后再考虑其他的形。在完成了第一个形以后再描绘第二个形，并将它与第一个形的角度、比例和尺寸进行比较。继续顺着向下描绘人体，不断的将形、角度和比例与纵向横向的基准线进行比较。画完一个形接着再画下一个。不要为绘制的形着色，因为那样会使一些形显得过于突出，而破坏所画线条的立体感和整体感。形不需要完全被线条框起来，适当的合并形不仅可以使画面简洁，还可以有力地表达完整的图形。你可以运用这种技巧描绘非常复杂的物体的初稿。在完成了大的形以后，可以用较小的笔描绘大形中的小形，如例子中展现的帽子上的网。

形的运用

掌握了如何观察物体的形以后，使用你最钟爱的绘画材料并运用优美的线条来描绘形。用不同的绘画工具结合手的力量和姿势的变化，得到最大化的线条的对比——浅淡的线条与粗黑的线条。你不需要用线条框住每个形，但是正确地运用形，可以让你的手画出自由奔放充满激情的线条的同时，保证物体结构的精确无误。

轮廓的画法

绘制服装效果图一般先从绘制轮廓开始。服装效果图绝不仅仅是为了描绘衣服的款式，它更是为了表达设计师脑海中的意境。研究服装的轮廓，可以为服装的时尚创意打下基础，同时又可以表现出设计师的真实意图。

当由模特呈现服装的时候，可以鼓励模特摆出理想的穿着姿势。展现服装最完美的一面和设计师的个性是服装效果图绘画者的重要的任务。通过别针、夹子等工具将衣服掖进去或者膨起来，只有让模特合体地穿着服装才能准确表达出设计的精髓。仔细分析衣服上的哪些特征是需要被着重强调的。小心处理双手的姿势、足部的透视以及身体的姿态，这些都可以赋予服装更生动的生命力。

这幅表现服装轮廓的效果图是用坚硬的铅笔在水彩纸上绘制的。耳环和马提尼酒杯提前被遮盖液勾画出来。接着，用清水将整个画面打湿，让颜料自然的流动并互相混合。在水分完全渗透纸张但是还未干燥的时候，绘上淡淡的色彩。待画面依旧湿润的时候，将一小撮盐洒在背景颜色上，让盐灼烧出天然的星星形状。待第一层水彩完全干燥以后，用中等浓度的水彩颜料勾勒出人体的轮廓。再在它干燥以后，用高浓度的水彩颜料刻画头发、披肩和裙子上的细节。当服装的长度在小腿肚或更长时，可以将人体的比例拉伸至九头或九个半头身长，避免穿着这样的服装使人显得矮小。在所有的颜色干燥之后，将遮盖液揭开露出白色的纸。最后，加入背景的线条和形状，使画面人物有跃然纸上之感。

效果图中展示的是边缘镶有羽毛的夹克，正如图中所示，轮廓的边缘可以处理得很柔和。首先将脸部和手套用遮盖液遮盖住，然后将颜料绘制在潮湿的画纸上。这种使用湿笔在湿润的纸上作画的技法，可以巧妙地形成柔和的渐变色彩和衣服的褶皱。待颜料干燥以后，用棉签蘸取黑色的蜡笔颜料加深画面黑色的部分。由于蜡笔的质地干燥且没有光泽，因此它在水彩颜料上是很难被察觉到的。蜡笔也可以被用来强调轮廓或者加深阴影，避免大家过度地使用笔刷。

这些小的人物轮廓都是用小的笔刷和浓缩水彩直接在干燥的纸上绘制的。人物的尺寸越小，越需要夸张人物的动作，避免形成僵硬的人物动态。这样的练习也为尝试描绘时装效果图中人物非常夸张的姿态提供了一种极有效的方法。

阴影的画法

在绘画物体和人体时，阴影是塑造立体感的关键。即便是非常轻松的绘画风格，也需要通过光源赋予服装立体感和运动感。色彩的对比与阴影的过渡越精确，作品的写实感就越强烈。阴影基本分为两种类型：物体的暗面和物体的投影。高光是在特定的情况下出现的第三种需考虑的因素。如若需要对结构进行细腻的刻画，就有必要强调这三个方面的阴影。

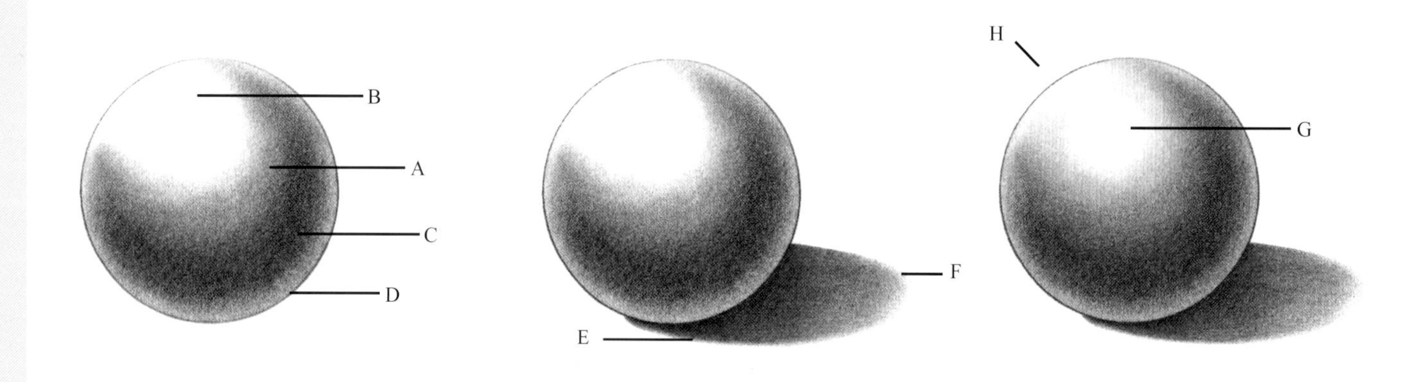

物体的暗面

当光线照射在物体上时，便会产生暗面。这种阴影的最大特点就是明暗交界过渡柔和。描绘时，首先需要确认阴影的位置（A）、光线的位置和物体原本的色彩（B）。在确认了阴影的位置与形状以后，你可以通过描绘明暗交界线（C）来表现物体的厚度并塑造立体感。当光线无法抵达物体的背光面，也无法从周围物体的表面发射过来时，便产生了明暗交界线。明暗交界线是物体的暗面中颜色最深的区域。同时它也产生物体的反光（D）。物体的反光比亮面的颜色深。反光是暗色调中第二深的颜色。

物体的投影

当光线从物体的一侧照向另一侧，便会产生投影。它与我们通过手在墙上的投影做出各种动物形状的原理相似。物体投影的边缘分明并且颜色对比强烈。明暗交界线（E）需要重点刻画，颜色略深。在灯光的照射下，越远离物体的投影颜色越淡（F）。投影是非常重要的工具，它可以将物体与背景的层次分开，也可以将物体与物体之间的层次分开。而且投影的色彩可以更好地烘托出物体的反光。

高光

在绘制反光度高的面料，如绸缎和漆皮时，你需要谨慎地考虑高光。图中的球体在纸的反面加入了暖色调的2号艺术马克笔，形成了物体的固有色。接着再使用白色的蜡笔绘制高光，蜡笔柔软的笔触塑造出柔和的效果（G）。这个技巧可以最大限度地塑造物体的立体感。物体的高光应该聚集在朝向光源的一侧（H）。

衣褶阴影的画法

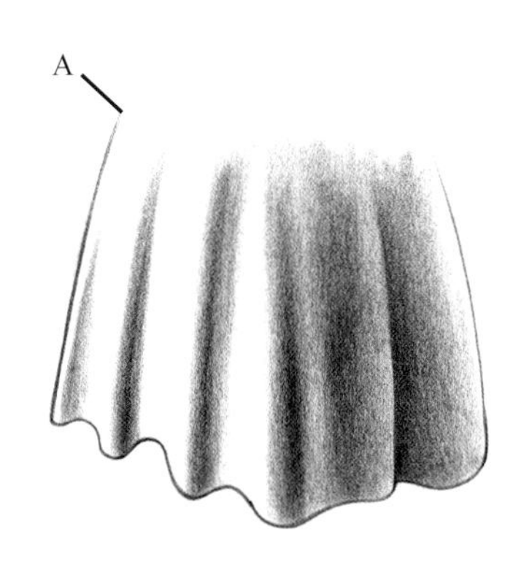

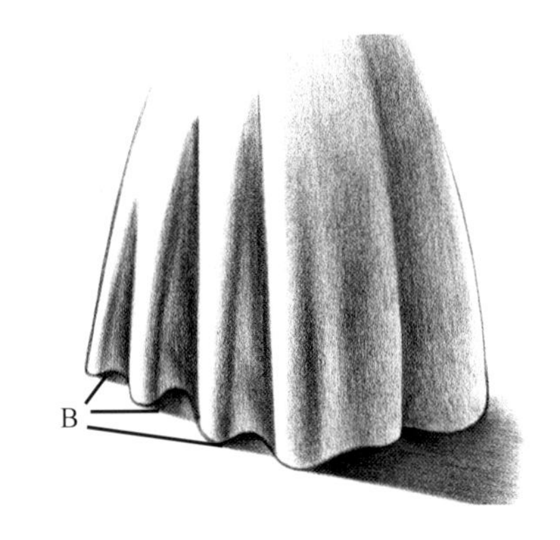

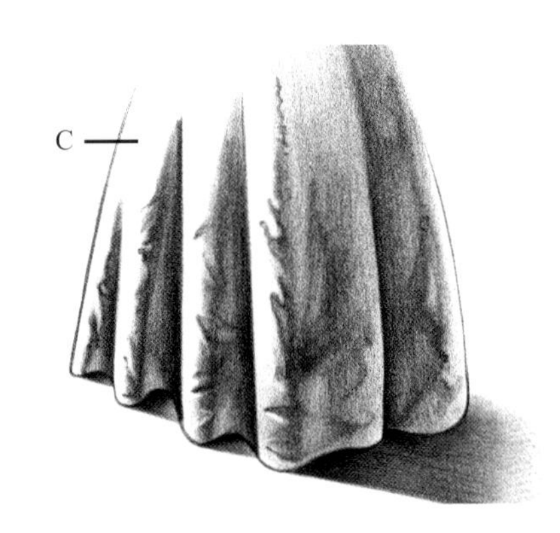

步骤1

首先你需要找到光源的位置（A），然后找出几个最主要的衣褶并画出暗面。这样能够立刻塑造出衣褶的亮面与暗面关系。

步骤2

刻画暗面的明暗交界线，并且为裙子在地面的投影上色。裙摆的投影应当全部朝着同一方向（B）。完成这一步之后，裙子的基本立体感已经形成了，但是仍然不够生动。可以适当打破暗面边缘，形成物体的运动感。

步骤3

在描绘面料肌理的过程中，将裙子的亮面基本留白（不要用线条封死）（C）。面料的肌理应当被刻画在明暗交界线的位置，倘若整条裙子全部画满纹理，反而会形成脏污的感觉。

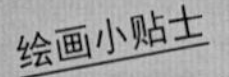

绘画小贴士

将面向光源的人体的一侧全部留白，这种技法叫做“烙除法”（C）。它让画面变得简单易懂。如果在画面上过多地刻画细节，反而会使画面显得平面化。

人体上阴影的画法

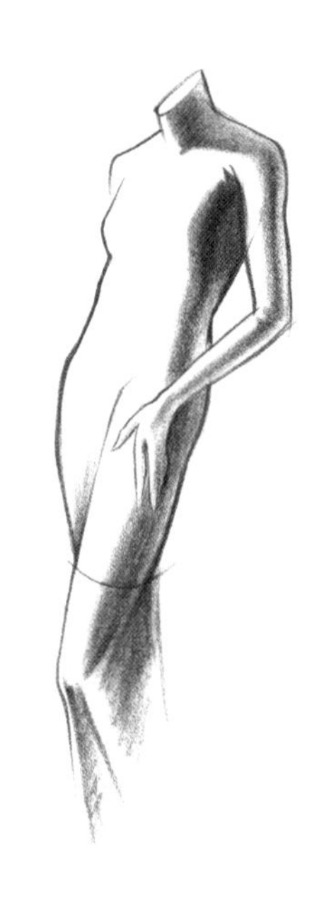

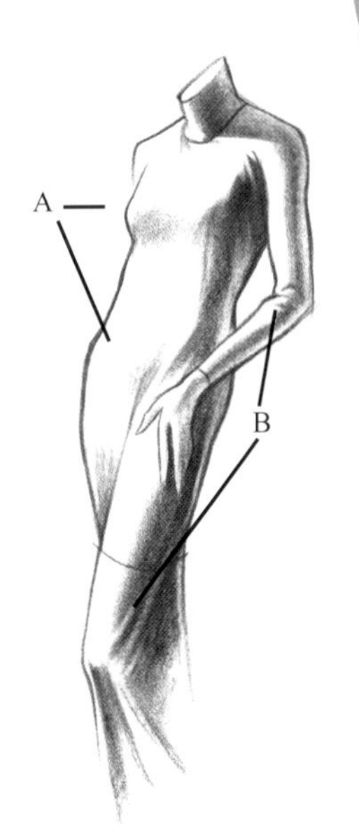

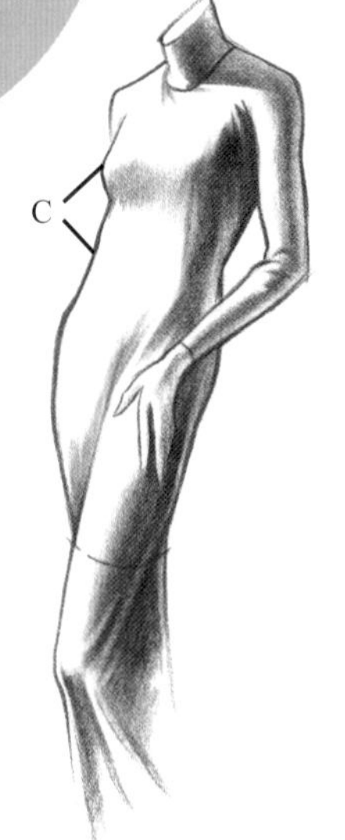

步骤1

首先找出物体主要的暗面。尽量将阴影连在一起形成一体，而不是分散在各处，分散在各处更像是衣服上的图案，而不是阴影。描绘阴影时，保持物体暗面的明暗交界线过渡柔和，而投影的明暗交界线则厚重坚实。

步骤2

描绘面积较小的阴影如胸部和盆骨的区域（A）。通过调整阴影的边缘来表现由人体的运动产生的面料的垂坠和聚集感。

步骤3

最后，根据面料的不同增加色彩、图案、纹理和高光。在这个图中，作者用浅色的马克笔在纸的反面衣服的区域上色，再在人体的亮面（C）加入高光。

绘画人体的姿势、体积和立体感

在绘制人体效果图时，需要考虑的三大要素分别是：人体的姿势、体积和立体感。

绘画小贴士

如果你感觉笔触僵硬不够富有激情，可以稍微休息片刻，并且画一些人体的姿势当做热身。如果条件允许的话，可以邀请人体模特进行作画，或者借用服装杂志上的人物作为绘画的参照。但请不要忘记计时。

姿势

在本页展示的人体效果图中，每一个人体都是用一分钟的时间迅速绘画完成的。这种快速速写的方法可以让绘画者找到人体运动的流线感，并且允许绘画者夸张盒子的角度（详见第166~第167页），而绘画者无需仔细描绘人体的轮廓。这种表现形式的细节非常少。绘画者使用马克笔完成这些速写，目的是捕捉人体瞬间的运动感，而不是详细地塑造人体。在训练时需要督促自己，不要过多地考虑人体的外轮廓与细节。你只需要着力表现人体的透视与运动方向即可。

在绘制这种快速速写时，最好使用站立的绘画姿势，这样可以最大限度地使用手臂动作，而不是局限在狭窄的画板上。首先画出人物的头部，得到人体比例的参照物，然后尽量尝试在一分钟之内从头部画到脚部。如果还有剩余的时间，你可以快速塑造一些人体的体积感。即使是用极快的速度绘画，仍需要保持平衡的人体重心线（绿线）与和谐的比例。

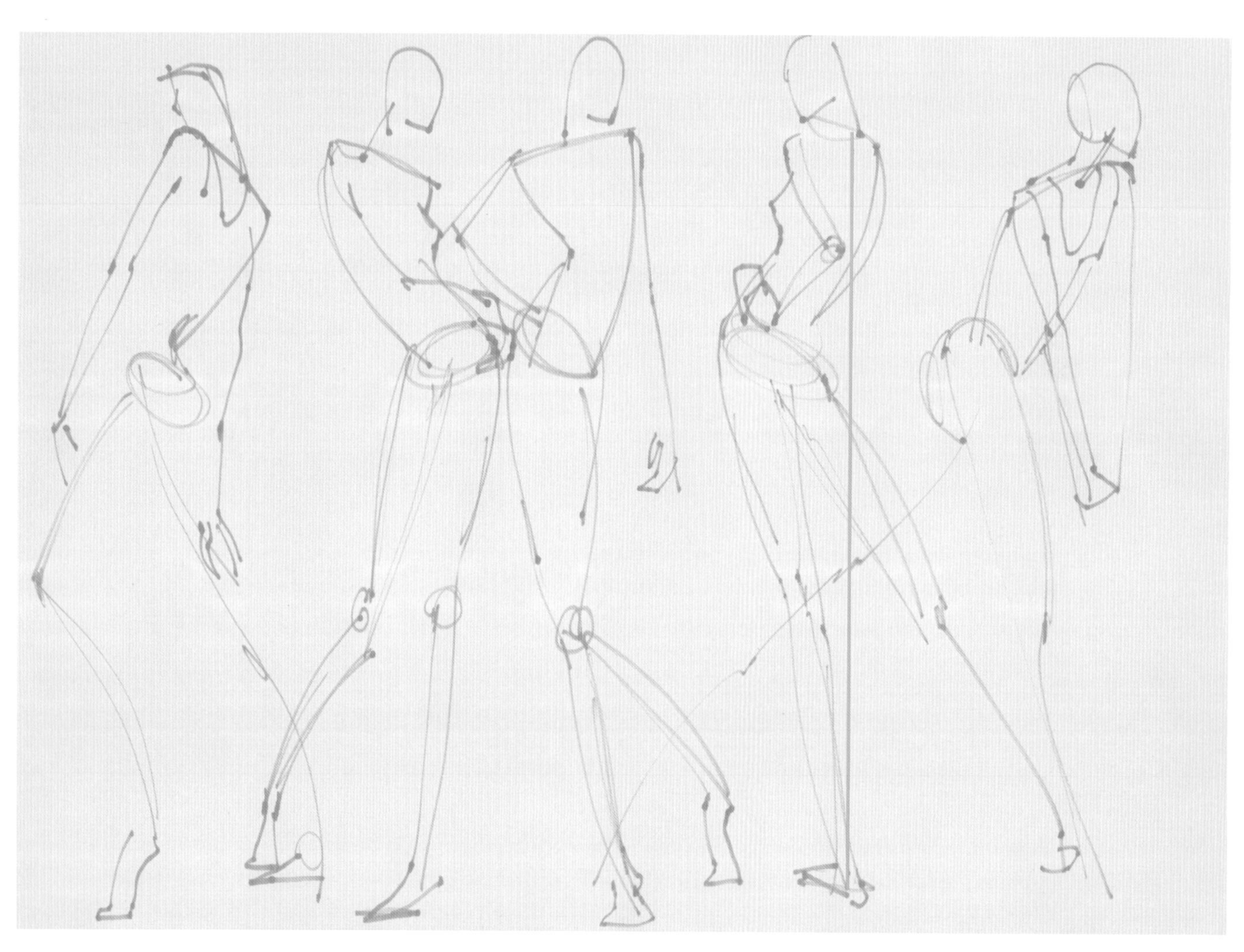

体积

当一个物体的形状不方便用线条表达时，可以用塑造物体体积的方法从物体的内部向外描绘。图中的这双手套和这名男性人物都是用潦草的线条从中心的某个点开始向外描绘的。使用这种技法的时候不要被物体的小细节牵绊，而局限于某些细节会使画面偏离主题。首先用同一种深度的线条，慢慢形成物体的整体轮廓，然后再加强线条的深浅，形成暗面、亮面和外轮廓。这种绘画技法还可以用于外景写生，可以塑造坚实的体积感。

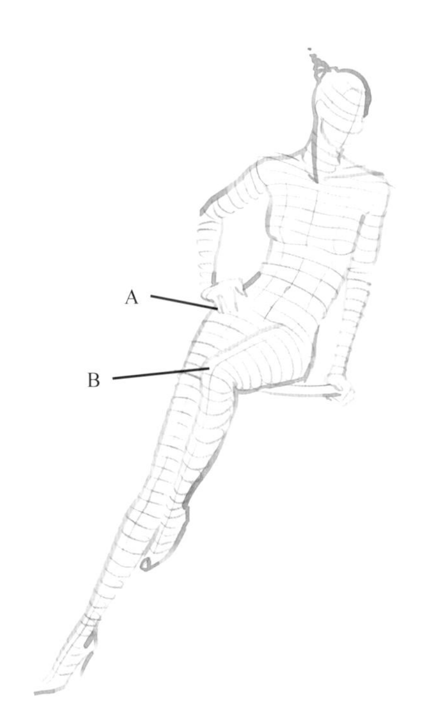

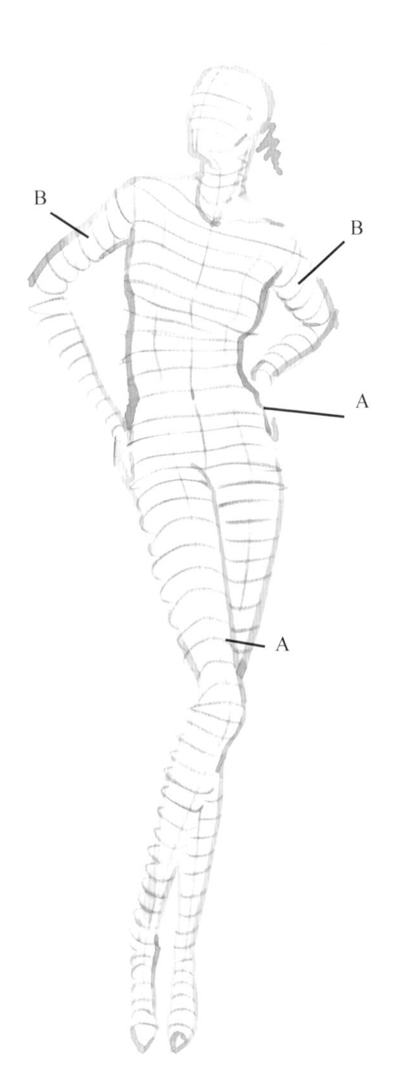

立体感

通过两种方法可以塑造物体的立体感：第一，物体之间产生交叠（A）；第二，描绘物体的斜面或边缘。读者可以仔细观察效果图中淡紫色的遍布人体的线条图。在描绘完人体轮廓以后，开始绘画表达人体结构的线条，通过这些线条表现出物体是靠近视线还是远离视线的。理解这些线条，可以在绘画服装的时候使其显得更加合体，并准确地表达服装的透视。这种练习可以使你正确地观察袖口、衣摆和前襟，并且正确处理胳膊和腿部的透视（B）。准确地处理近大远小非常重要，如效果图中坐姿人物抬起的腿部。你可以通过对实物写生或者绘画照片来练习这种绘画技法。

手的画法

手可以使配饰更加优雅并增添个性，但如果过多刻画手部，会分散人们的注意力。在画手的时候，请将注意力集中在手的形状与轮廓上，而不是指甲、指关节和静脉等细节。在本小节中并没有列举出几百种不同的手部姿势，而是阐述如何正确地观察和理解手部，让读者能够根据自己所想画出手的任何姿势。请注意，大的手往往给人感觉自信坚强和有力，而小的无力的手则很难表现出美感。

手的比例

手的外轮廓接近菱形。手指与手掌的交接处在指尖到手腕一半的位置（A）。第一排指关节连接形成的弧线在手指的根部，这根弧线向上可以依次找到所有的指关节。大拇指的指尖位于食指的第一个指关节处，而小指的指尖在中指的第二节指关节处（B）。手部的中心线从腕关节的中间穿过中指的指尖（C）。在描绘手部的四分之三视角时，这条中心线能够帮助你观察透视的变化。

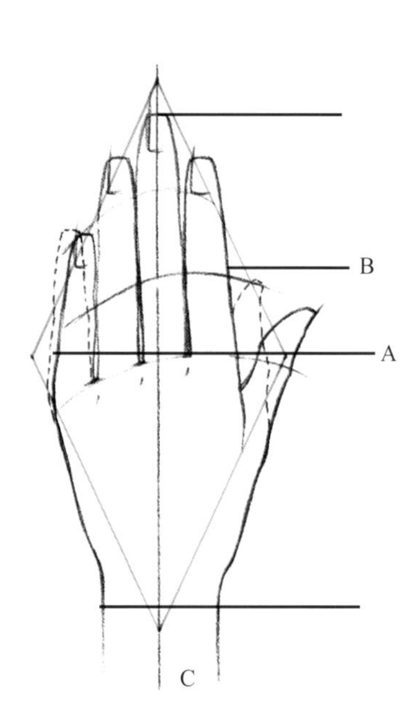

手的特点

虽然男性与女性的手的结构相似，但是它们有各自的不同特点。女性手部的姿态通常比男性的丰富。总体来说，女性的手虽然比较薄，但是不能骨瘦如柴，太过消瘦的手似动物的爪子，会传递不健康的信息。而且，女性的手指从指根到指尖微微变细，你可以画出指甲，亦可以将它们省略。

男性的手部肌肉发达，并且棱角分明。指尖呈现出略方的形状，而且指头的姿态不如女性柔美。无论在描绘男性还是女性的手部时，为了简化省略，手指往往被合并起来。这样可以增强手的统一整体性。你可以试着让手摆出不同的姿势，让它呈现出自然的状态，亦可以摆一些特定的姿势。避免将手画得过于平面化，或者过于僵硬。

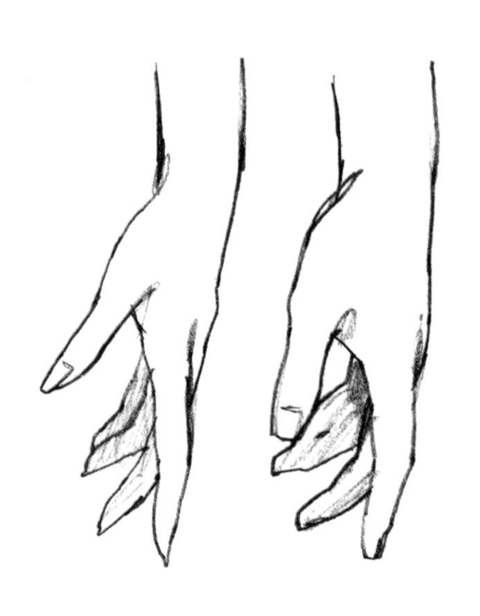

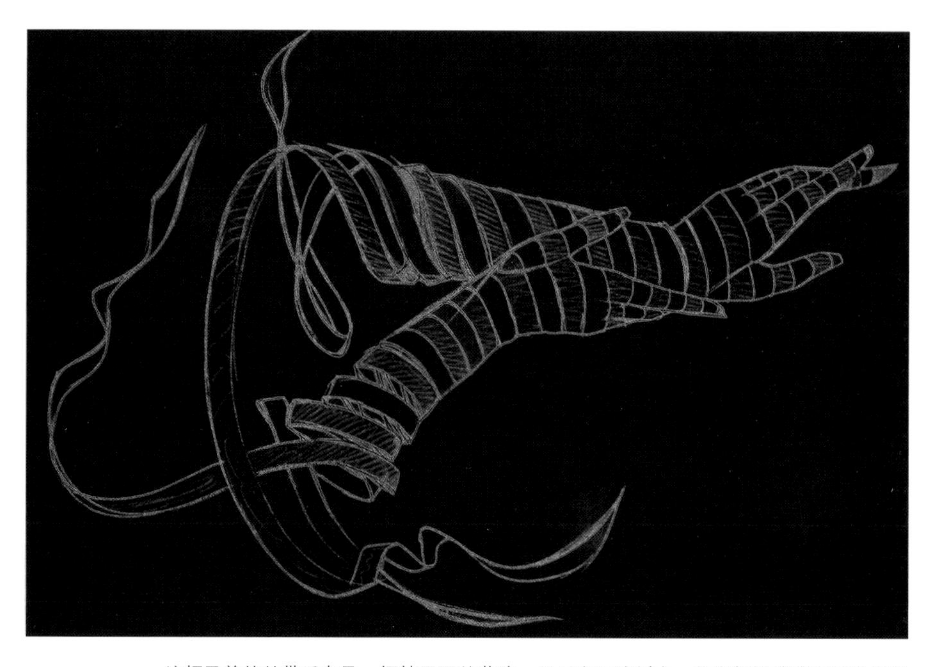

这幅柔美的丝带手套是一幅效果图的草稿，用于店面陈列中。作者将铅笔稿扫描进电脑中，然后用图像编修和创作软件（Corel Paint）中的边缘填充工具填充线条，接着将背景转换成黑色，增加生动效果。

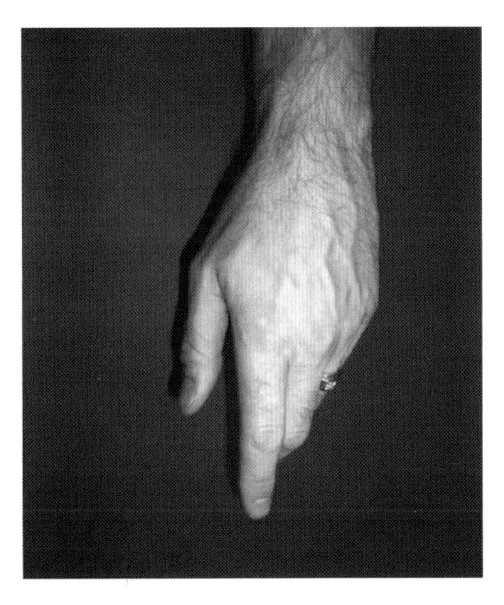

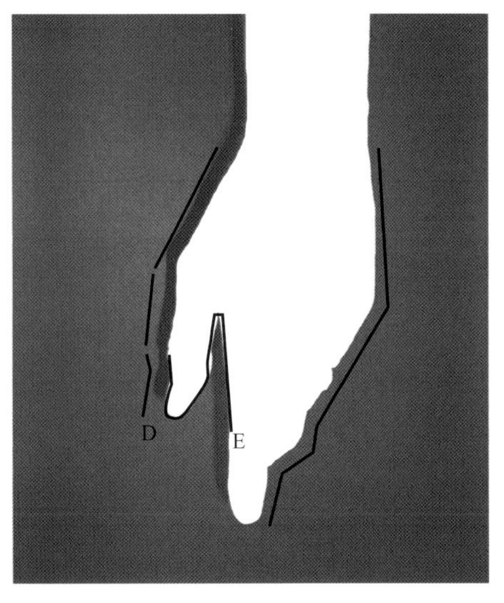

步骤1

在绘制手部时，最简单有效的方法就是观察手的形状。在观察手部时，不要把手拆分为手指、指关节等细节，那样会分散你的注意力。

步骤2

你可以将手部视为一个整体的彩色色块，或者一个完整的轮廓。当绘画的时候，请注意手的角度和比例。首先观察整体的形状（D），然后再从中找出小的形状和曲线（E）。在绘画时，你需要不断地参照纵横轴，以保证每条线的角度准确。

步骤3

在绘制过程中，始终强调手的外轮廓而省略内部细节。并且，您需要在画面中展现骨骼的结构。骨骼可以使手看起来强健有力。

手的角度

通过这个手叉腰的姿势可以观察到手。这个角度可以很好地表现手部结构，并且传达出手的力量感。注意观察指关节形成的拱形和手背的透视。你只需要在手指上方的那一侧强调手指的骨点。假若过分强调手指下方的衣服的褶皱和手指有肌肉的地方，画出的手会显得只是一幅没有生机的骨架。

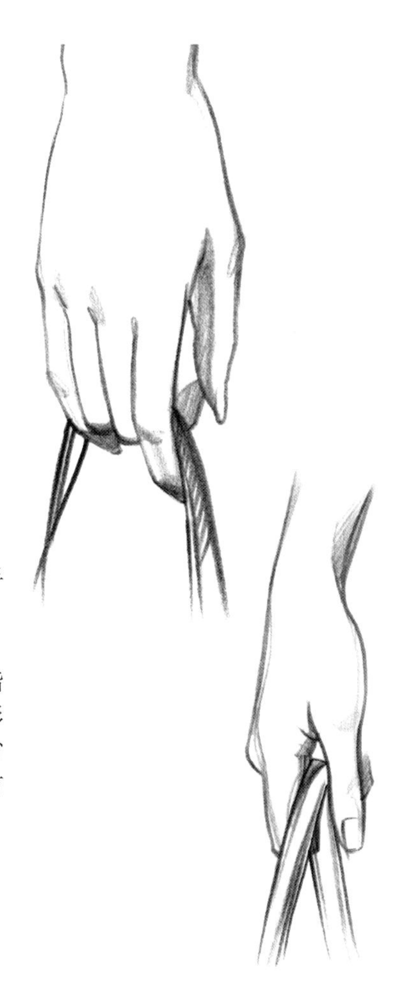

抓的姿势

在手呈现出某些姿势时，例如拎着手袋的姿势，手的作用只是为了烘托配饰。手袋的拎带应当舒适放松地挂在手指上。不要过分地夸张手袋的重量或重量对手指造成的影响，否则会给人一种手指变形的感觉。可以看到手的细节被尽可能地省略，阴影被绘制在手部的边缘，形成强有力的手部结构。

脚的画法

脚的作用远远不止是支撑人体。两脚正确的摆放和平稳的脚形能够使人体的姿势和谐，而错误的姿势会导致人体的姿势不稳固。描绘足部主要有两大错误：第一，将正面或侧面视角的脚画得太过平面化；第二，将脚画得太长，导致人物仿佛脚尖点地站立。以下列举了在描绘脚部时需要注意的地方。

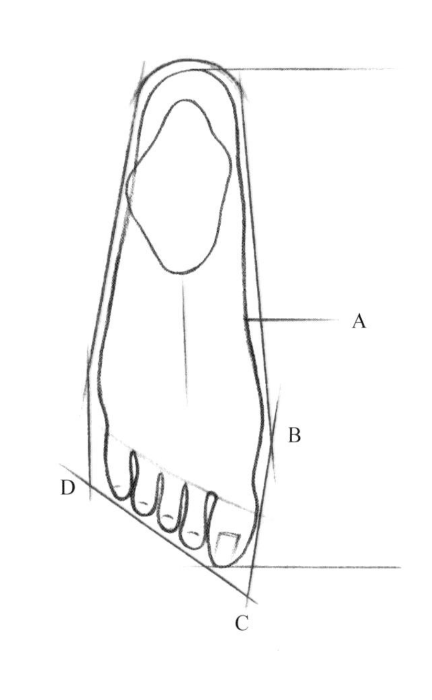

脚的比例

脚的形状多呈出楔形的形状。从俯瞰的角度，足弓或脚背的中间为足的中间点（A）。它从最窄的脚后跟开始慢慢变宽，直至最宽的大脚趾根关节处(B)。这个骨点之后脚又开始慢慢变窄（C）。脚趾从小拇指到大拇指呈现出大角度的倾斜（D）。你可以发现橘黄色的轮廓线类似鞋底的形状。

侧面视角

从侧面看来，脚的楔形形状更加明显。在绘制穿着鞋子的脚时，你需要绘制脚外侧的那一面。脚底基本上是紧挨地面的，除非是穿着的鞋子带有鞋跟。在这个角度中，脚踝与腿的透视平行于地面。你可以从图例中的橙色球形看出（E），足跟骨向外凸出。

当鞋子带有鞋跟时，鞋跟会使脚跟微微抬起，这是常见的站立姿势，你可以观察到脚的正面的中心线（F）。在描绘脚趾尖产生的弧度时（G），需要同时表现出脚趾的高度和长度，目的是塑造脚的结构，使其看起来稳定有力（H）。这个角度的足部非常重要，它常常用于表现鞋子。

当脚穿着高跟鞋时，由于脚的延展，脚背变得向上拱起（I）。脚踝处的透视则变得更明显（J）。

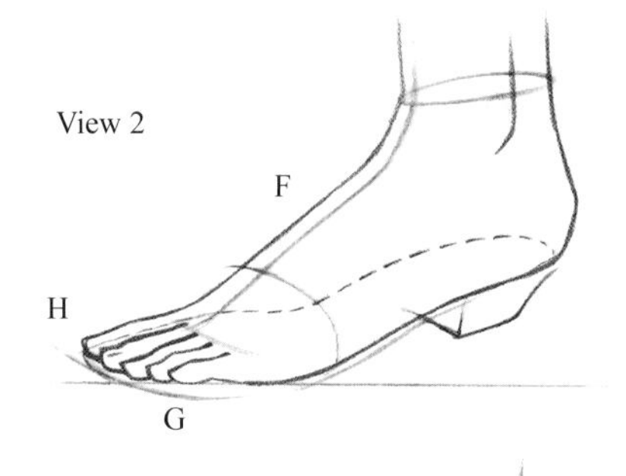

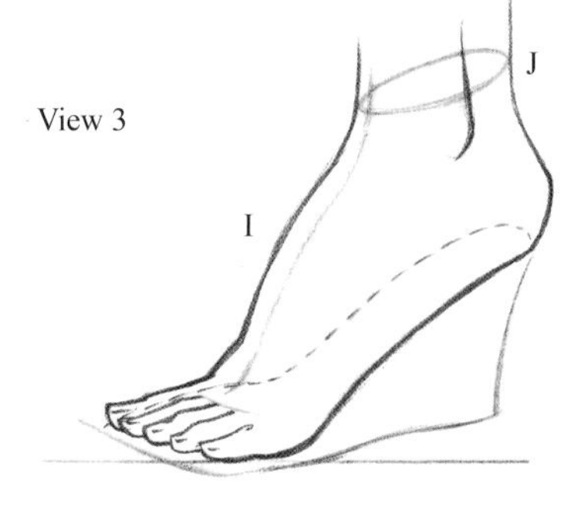

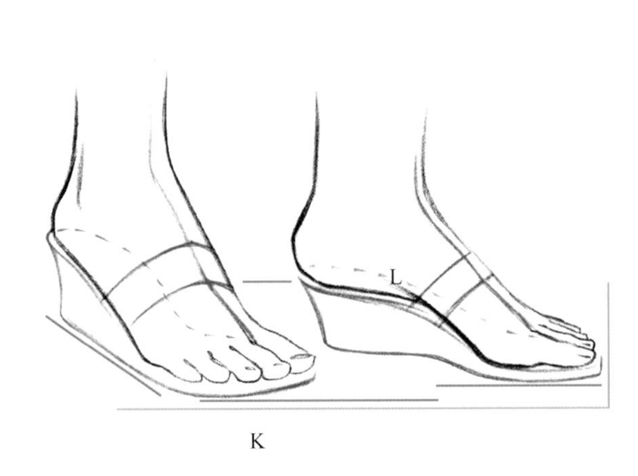

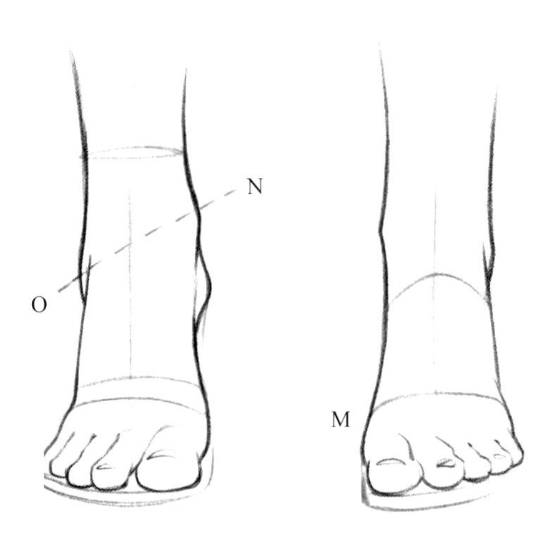

四分之三视角

在四分之三的视角中，两只脚的位置并不在同一高度。你可以用水平线和垂直线来对比两只脚呈现的角度（K）。同时，在这个角度可以看到足内侧的足弓（L），足弓影响着足部和鞋底的形状。但是你最好不要过度强调足弓。图中脚背上画出了鞋的带子和脚的中心线，这样可以更好地展现脚的立体感。脚趾甲被简略地画出，避免分散人们的注意力。

正面视角

在绘制脚的正面视角时，需要重点注意脚背（M）。大脚趾微微向内靠拢，脚趾部分需要表现出脚的厚度和宽度。脚踝内侧的胫骨（N）比外侧的腓骨（O）高。这双脚穿着中等高度鞋跟的鞋子。

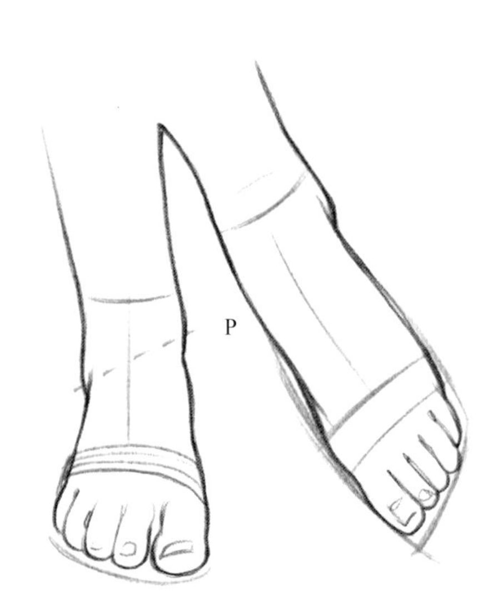

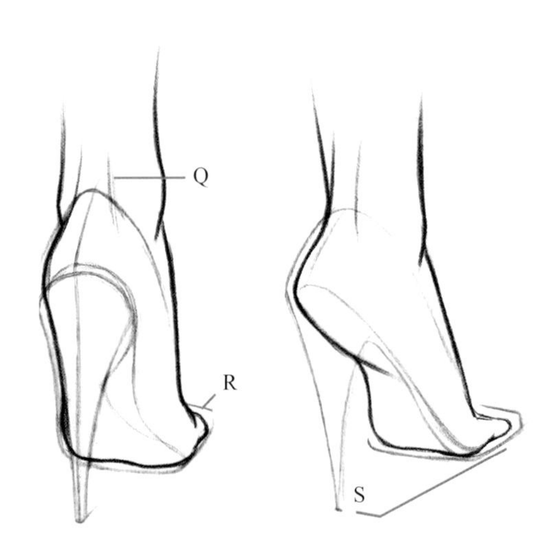

正面和俯视视角

这幅图的视角高于正面视角图例的视角。当脚抬起时，脚背变得隆起（P）。抬起的脚的长度约为一个头长。

背面视角

跟腱在脚后跟的正中间，越向上越细（Q）。前面的大拇趾处逐渐变宽。如果视线允许的话，露出大拇趾根关节后的脚趾（R），创造出立体感。这个视角的足部呈现出远离视线的趋势。从背面看鞋跟的位置低于脚趾（S）。

部分身体的画法

在绘制服装配饰效果图时，饰品应当是画面的主角，因此有的时候需要用到部分的身体来烘托配饰。通过对身体的节选，观赏者的目光可以更好地集中到最精彩的部分上。当需要剪裁人物身体的部分时，不要在人体的关节处截断，如脚踝、手肘或脖子部位。在不当的地方裁剪人体，会呈现出如截肢一般的不舒适感。你可以选择在中间的位置裁剪人体，如大腿中间、脸的中间和手臂的中间。你可以在人物周围放上边框或窗户，例如下一页描绘腿部和裙子的插图；或者你可以使人物慢慢消失，如下一页描绘脸部的插图。如果你采取的是渐渐消失的技法，请不要对称地剪裁人体，尤其是腿部，否则会造成人站在水中的错觉。因此，最好让人物不对称的消失。

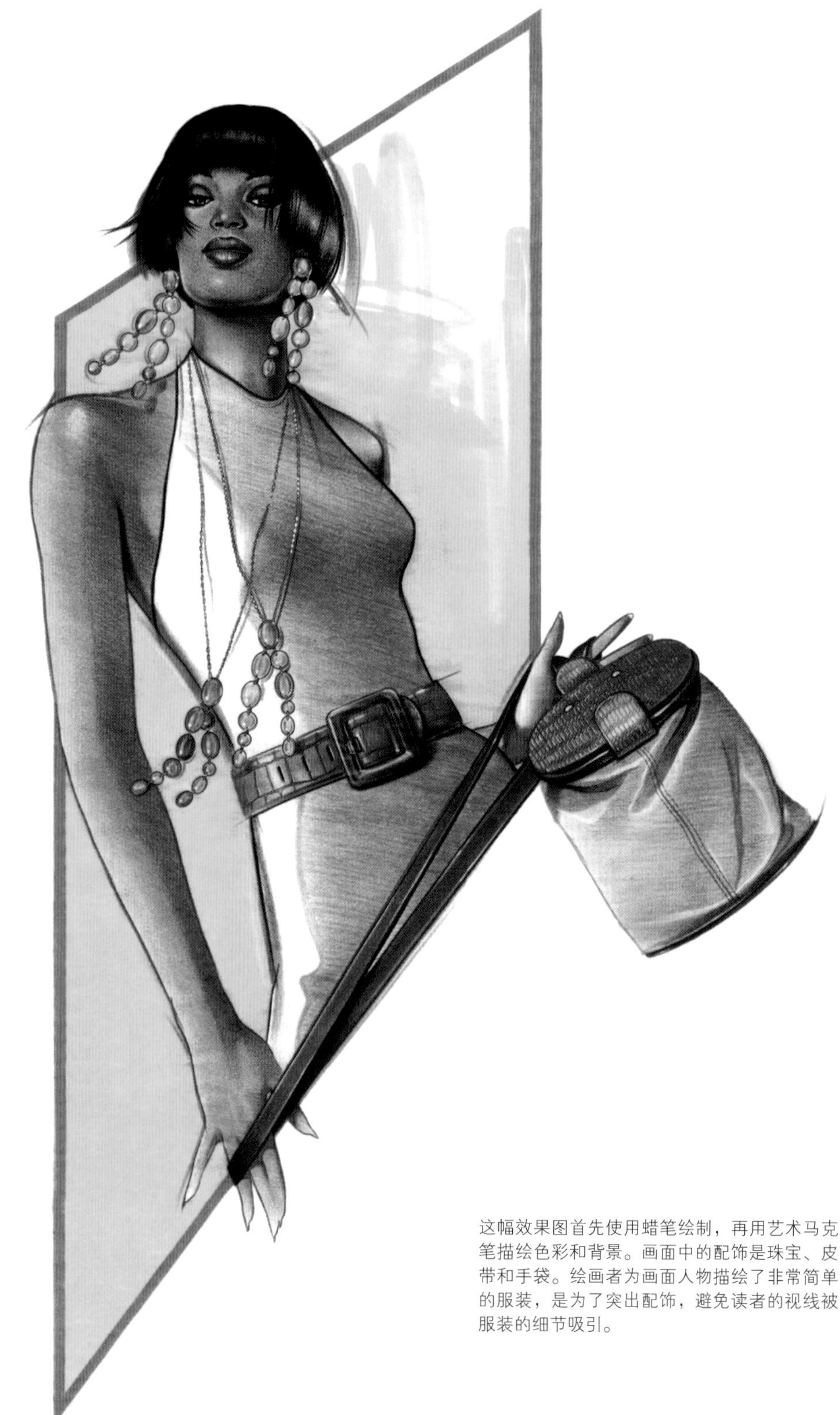

这幅效果图首先使用蜡笔绘制，再用艺术马克笔描绘色彩和背景。画面中的配饰是珠宝、皮带和手袋。绘画者为画面人物描绘了非常简单的服装，是为了突出配饰，避免读者的视线被服装的细节吸引。

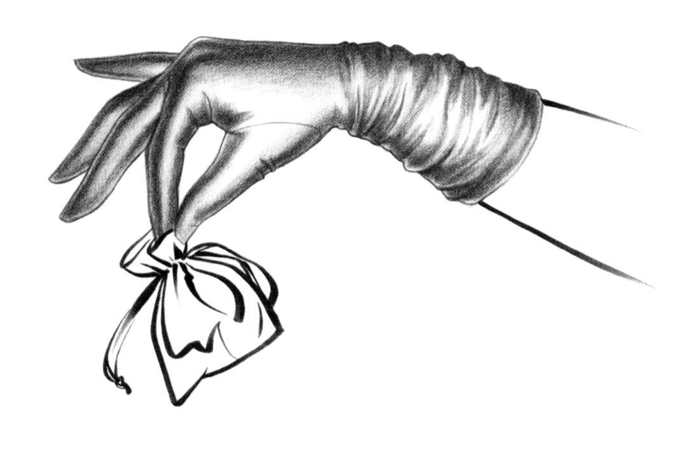

手部

在描绘手套的时候，应该将它们视为手的第二层皮肤。不要让面料过多堆积在关节弯曲的位置，关节处简洁的褶皱可以形成更坚实的结构。女性的手指在指尖处微微上翘，即使戴手套时也是如此。相比之下，男性的手套在指尖呈现出略方的状态。一个优美生动的手的姿势可以为手套带来生命力和活力。

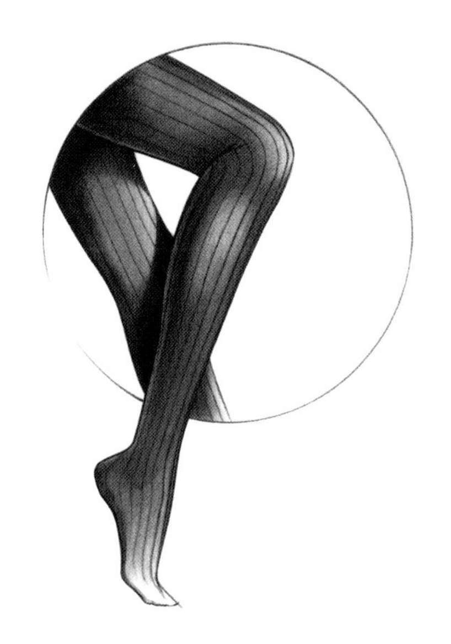

腿部

这幅腿部的效果图被用于袜子的广告中。作者首先用铅笔绘图，然后再用图像编辑软件调节颜色。这种严谨的绘画风格非常注重结构的准确性，但是又不能太过强调肌肉的轮廓和面料的褶皱。

脸部

由于这幅效果图被刊登在报纸的广告中，因此帽子上的帽针被绘制成黑白的效果。作者运用黑色的笔勾勒了帽针的外轮廓，使帽针和帽子的层次分开。脸部用铅笔轻轻描绘，使读者的视线集中在帽针上。

臀部

为了使链条腰带和裙子的层次分开，作者将裙子的高光部分大面积留白，以更好地展现腰带的细节。同时，裙子柔和的渐变更好地对比出链条腰带材质的坚硬。

女装汇总

晚宴装

晚宴装可以是黑色的小礼服裙，也可以是拖地的长礼服裙。晚宴装经常出现在各类时装效果图中。晚宴装既可以表现出人物的优雅和姿态，又可以展现面料绝美的质地和服装夸张的轮廓。为晚宴装设计出完美的人物形象往往比服装本身还要重要。

这一条科尔萨克（Korshak）的臀部带褶的礼服裙是用6B的铅笔勾勒线条，再用水彩上色完成的。作者故意夸张了人物的高度，目的是为了强调喇叭形裙摆的惊艳之处。

这一条绿色的薄纱裙子是使用艺术马克笔在马克纸上完成的。这是一幅表现透明面料的绝好图例。薄纱裙子的半透明感用三种不同颜色的马克笔来表现。这种薄纱面料外观脆硬，运用马克笔时可以用干脆的线条来表现。腿部从纱裙中隐约显露出来，使人物看上去更坚实有力。作者首先画出腿部结构，用浅肤色画出左腿、浅绿色画出右腿，然后在上面覆盖裙子的色彩。在画上半身的胸衣时，作者先用肤色作为底色，然后再用中度的绿色覆盖。最后，使用勾线笔和白漆绘制小珠饰和高光。

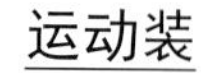

运动装

运动装是服装中的一大类。它包括了所有的休闲上下装、裙装和专业运动员套装。穿着运动装的人物姿势通常比较活泼，绘画的风格也很轻松、有活力。

作者在光滑的马克纸上，用马克笔绘制出亚麻的卡普里（Capri）裤子与带衣褶的上衣。在用酒精性的马克笔上色之前先用水性勾线笔勾勒线条，那样含酒精的颜料就不会溶解线条。在黑色的线条干燥之后，就可以直接用马克笔上色了。这幅作品被用于零售商店的陈列中，绘画风格轻松得犹如设计师的随笔草稿一般。最终的效果图被放大到两米半的大小。

在这幅画作中，作者描绘了一位活泼自信的女孩，穿着了一条带有粉色衬裙的印花太阳裙。作者首先用彩色铅笔在马克纸的正面绘制人物及裙子，然后用马克笔在纸的反面描绘出肤色和暗面的阴影。留白的区域则作为画面的高光。接着再使用彩色铅笔在暗面的区域点缀图案，并让图案慢慢消失于亮面中。这种技法可以有效地表现出阳光灿烂活力四射的夏季感觉。人物的发型、佩戴的发带和微微提起裙子的姿势都表现出运动的感觉。

独立的上下装

独立的上装和下装在服装中占有极大的比重。它们可以用多种方式相互混搭。在这里展示的两个效果图，很好地说明了如何用不同的绘画技巧表现同一种类的服装。

这幅极具写实风格的画作是由蒂加纳·格兰诺夫（Dijana Granov）完成的。她首先用灰色的彩色铅笔在防渗漏的马克纸上勾勒线条。再反复使用透明的酒精性马克笔营造出画面的厚重色彩和体积感。用彩色铅笔刻画完细节之后，作者用勾线笔勾勒出最后的轮廓，最后用白色的凝胶笔刻画出高光和反光。同时请注意皮革手袋的画法。

这是一幅使用马克笔完成的快速速写。作者首先使用尖头的水性笔勾线。然后使用透明酒精性艺术马克笔上色。上下装分别用三种颜色的马克笔上色：服装的固有色、暗面的颜色和处在暗面中细节的深色。这幅作品的高光在马克笔上色时被全部留白。人物行走时的夸张动态为画面带来生动的感觉。

男装汇总

男式正装

在绘制男式正装的效果图时，往往需要表现出干练笔挺的感觉。人物的动态不要夸张，最好是静态的。定制的正装西服和晚宴西服拥有笔挺的线条和服帖的翻领，因此描绘这种服装时不能有太多杂乱的线条和夸张的姿势。男式正装的肩部有垫肩，因此呈现出挺括的状态，使肩膀拥有宽阔的轮廓。每一件西服的扣子数量都是特别设计的，因此在绘制时一定要真实地反映出扣子的数量、间距和尺寸。

男式休闲装

穿着男式的休闲装可以使人呈现年轻感和动感。穿着休闲装的人物姿态可以多种多样，甚至是运动中的姿态。绘制休闲装的风格可以是轻松的或严谨的，可以层叠覆盖也可以寥寥数笔，但是最重要的是选择一个舒服的人物动态。

在这幅双排扣西服的效果图中你可以发现前中线并不在扣子的位置，而是在左右翻领相交的位置，这是所有西服共同的特点。在正装西服中，会露出12毫米的衬衣袖口，而且领带结的正下方有一个窝。作者用马克笔和彩铅绘制出效果图，然后剪裁下来，粘贴到一张带有水彩笔迹的纸板上。留白的区域表现出松弛的绘画风格。这幅作品可以用于设计师展示或零售广告中。

作者结合了水彩与炭铅来描绘这位滑冰者。运用颜料着重突出人物的动态，并且只用三种颜色描绘。最后，作者用蜡笔在背景上加入了人物隐约的轮廓，呈现出都市的感觉。这幅作品非常适合刊登在发行的刊物上。

这款运动夹克的效果图中的人物姿态非常放松。我们可以从立起来的领子、柔和的肩部线条和打开的门襟看出休闲夹克与正装西服的区别。作者并没有用彩色铅笔描绘夹克阴影的部分，而是运用暖灰色的马克笔直接在夹克的固有色上绘制阴影。牛仔裤的暗面是使用蓝色的马克笔绘制的。然后再用彩色铅笔快速上色，既表现出牛仔面料的质地，又呈现出水洗的效果。

这幅朋克风格的人物效果图是用黑色和白色的炭铅笔绘制的，使用醒目的红色纸张表现出生动的效果。

这是一幅描绘城市男青年的效果图，作者首先用铅笔画线稿，然后扫描进图像处理软件中。将每一个形都独立捕捉出来以后，将需要上色的区域填上单一色彩。然后再将整个人物独立捕捉出来，放置在一张被线性处理过的城市景观的照片中。

面料画法的汇总

在画效果图时，我们常常会画一些常见的面料，下面的面料画法示例展现了描绘基本面料的一些常用技法。虽然这些例子主要是运用马克笔、彩色铅笔和勾线笔完成的，但不管用什么工具，绘制面料的基本原理却始终不变。

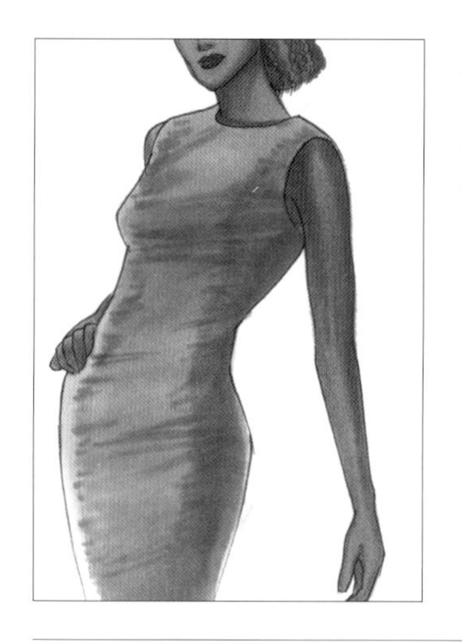

牛仔画法步骤1

作者首先用三种不同的蓝色马克笔涂色，然后再用一支调色马克笔将色彩混合。

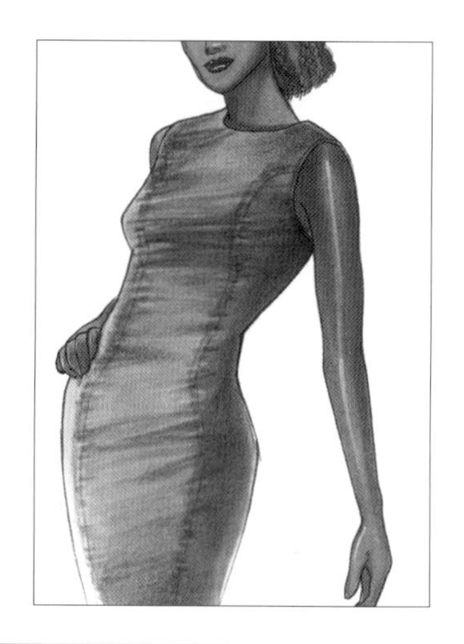

牛仔画法步骤2

再用一支中度的蓝色彩色铅笔和一支白色的彩铅或蜡笔上色。你可以看到接缝处的褶皱细节，这常出现在像牛仔布等厚重的面料中。

鱼骨纹画法步骤1

在绘画白色衣服时，最好使用暖灰色或法兰西灰色来绘制暖白色服装的暗面，而用冷灰色或宝石蓝来绘制冷白色服装的暗面。

鱼骨纹画法步骤2

首先，顺着面料纵向的纹路，用铅笔轻轻地画出基准线。接着，将每一列条纹图案中朝下排列的短线依次画出来。再用同样的方法绘制朝上的短线，直到面料上的图案足够多地覆盖服装。随着人体的转动，衣服边缘的图案会变得狭窄。

千鸟格纹画法步骤1

首先描绘出暗面的部分。作者在这里运用了暖灰色，使暗面略带薰衣草色。

千鸟格纹画法步骤2

轻轻地描绘出基准线后，再画出间隔均匀的格纹。重复地依次画出每个格子中的交叉线，再画出每个格子中较长的对角线，接着画出左侧的斜线，最后画出右侧斜线。这样的做法是为了使比例均衡。用白色彩铅或蜡笔加入一些柔和的高光，表现出面料略微的反光度。

蕾丝画法步骤1

首先用颜料笔勾勒出主要的轮廓，然后分别用三种颜色的马克笔：亮色、固有色和绘制暗面的深色。这里运用了闪光的颜色，展现蕾丝的半透明特点。

蕾丝画法步骤2

用一支暖灰色的马克笔在裙子的区域上色。接着描绘出蕾丝的图案。请注意蕾丝图案的重复性。可以首先画出最主要的图案，然后再画出次要的图案。最后，稍稍画出蕾丝的网状结构。

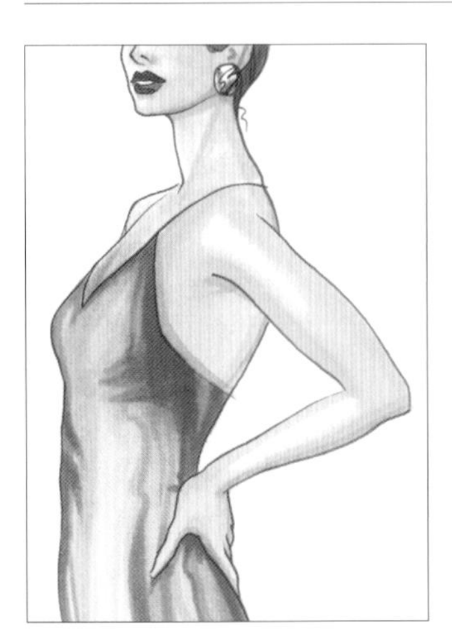

闪光面料画法步骤1

在绘制暗面的时候，首先保持暗面的色彩如水般流动，同时，实物的反光度越高，就意味着画面上的明暗关系越强烈。作者在描绘人物和裙子时分别用了三种颜色来塑造立体感。

闪光面料画法步骤2

高光是使闪光面料生动的关键。作者使用白漆来展现面料的细节。反光不仅如同水般流动，而且由犀利到柔和逐渐变化。白点用来暗示面料的闪光。

格纹画法步骤1

使暗面尽量保持简洁，并且主要集中在身体的一侧。避免点状或者突兀的暗面。

格纹画法步骤2

首先建立基准线——以蓝色的格子线为基准。然后描绘纵横交错的浅绿色线条。再用白漆或彩铅画出白色的线条。处在暗面的白色不能太过明显，并且所有线条的方向都要遵循面料走向。

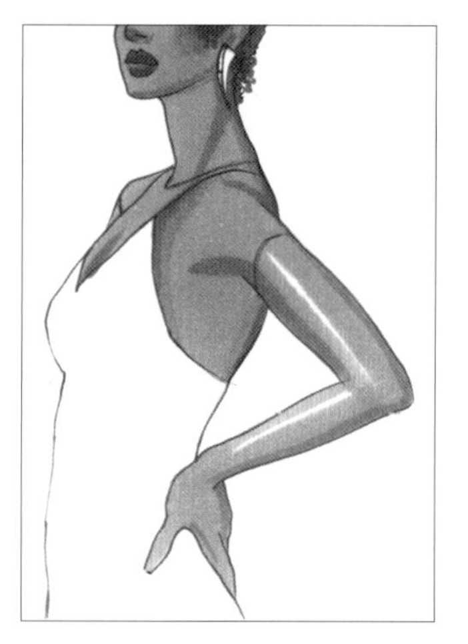

缎面与透明面料画法步骤1

首先画出人物的轮廓和皮肤的颜色，包括面料透明区域的皮肤颜色。

缎面与透明面料画法步骤2

用一支中度蓝色马克笔画出绸缎的固有色。再用深蓝色的马克笔和白色的彩铅画出暗面与亮面。面料的反光要保持柔和的流动性。接着再用一支浅蓝色的马克笔在面料透明的位置上涂色。最后用中度的蓝色绘制暗面，并用蓝色的蜡笔绘制柔和的亮面，表现出透明面料的反光度。

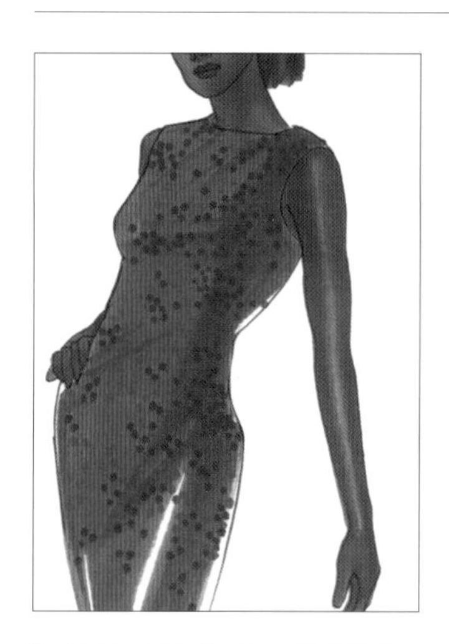

亮片画法步骤1

首先塑造服装的明暗关系。你需要用到浅色、固有色和深色来渲染面料的反光性。如果亮片与服装面料的颜色一致，你可以用绘制服装暗面的颜色作为亮片的固有色。再用较深的同色系颜色描绘处在暗面的亮片。

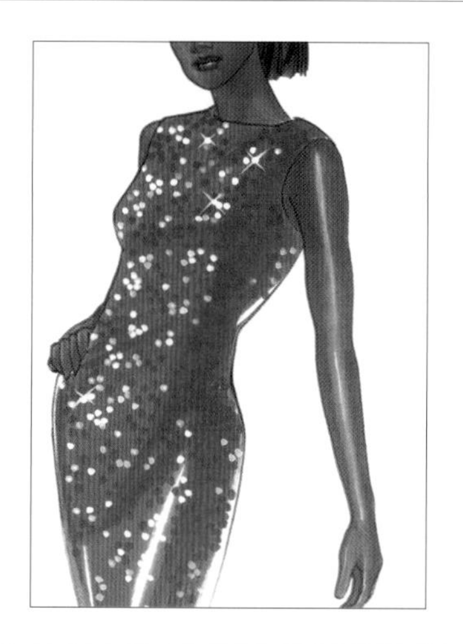

亮片画法步骤2

用中等亮度与纯白色的漆绘制高光。大多数的高光集中在裙子的亮面。最后用少许星形光芒强调面料的闪光性。

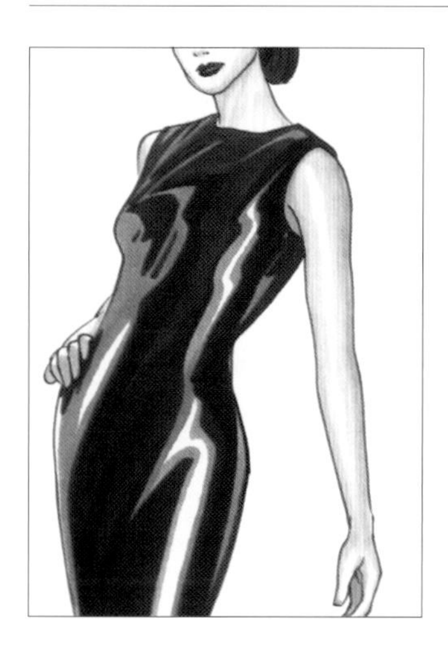

塑胶画法步骤1

塑胶的质感比较沉闷并极具反光性。为了表达出沉闷的特点，用马克笔上色时无需将亮面留白，而是在用马克笔上色之后，用白色的彩色铅笔绘制亮面，让裙子的反光具有极强的流动性。开始上色的时候用深灰色的马克笔代替黑色，这样你就可以使用黑色来表现最深的暗面。

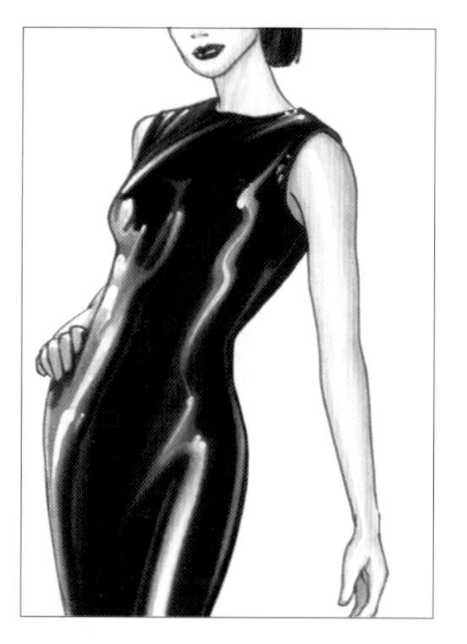

塑胶画法步骤2

用90%灰度或更深的马克笔加强颜色最深的暗面。接着用一支调和马克笔使高光的边缘变得柔和。然后用白漆描绘高光，并让高光从纯白到灰色逐渐过渡。最后用蓝色的彩色铅笔绘制暗面的反光。

致谢

在一个艺术家的职业生涯中，会受到许许多多人的影响和启迪，我也不例外。感谢上帝赐予我艺术天分。感谢我的母亲多莉尼（Dorine），她在我年幼的时候就发现了我的艺术天赋，并鼓励我走上了绘画艺术的道路。感谢卡罗·普利斯（Carol Police）教我如何观察物体的形和理解物体的永恒性。感谢格里高利·韦尔-奎腾（Gregory Weir-Quiton）教会我如何绘制线条，还有那些教会我如何用眼睛去发现美的朋友们——史蒂夫·别克（Steve Bieck）、米娅·卡朋特（Mia Carpenter）、萝丝·布兰特利（Rose Brantley）和安德里·雷恩德斯（Andrea Reynders）——感谢你们与我分享生活中的美。还要感谢李·利普雷（Lee Ripley）帮我完成本书的排版，安·汤雷（Ann Townley）敦促我完成此书。当然，还要感谢我所有的学生们，是你们让我不断地成长进步。非常感谢利亚（Leah）、蕾安娜（Rheanna）和雷恩（Ryan），你们三个是世界上最能启发灵感的小模特。最后也是最重要的，感谢我美丽的妻子詹尼斯（Janice），你是我的艺术伴侣，是你鼓励我追求梦想。你是我爱的源泉，是我不断前进的动力，是我的批评家，还是我最好的朋友。

中国国际贸易促进委员会纺织行业分会

中国国际贸易促进委员会纺织行业分会成立于1988年,成立以来,致力于促进中国和世界各国(地区)纺织服装业的贸易往来和经济技术合作,立足为纺织行业服务,为企业服务,以我们高质量的工作促进纺织行业的不断发展。

简况

每年举办(或参与)约20个国际展览会
涵盖纺织服装完整产业链,在中国北京、上海和美国、欧洲、俄罗斯、东南亚、日本等地举办
广泛的国际联络网
与全球近百家纺织服装界的协会和贸易商会保持联络
业内外会员单位2000多家
涵盖纺织服装全行业,以外向型企业为主
纺织贸促网 www.ccpittex.com
中英文,内容专业、全面,与几十家业内外网络链接
《纺织贸促》月刊
已创刊十八年,内容以经贸信息、协助企业开拓市场为主线
中国纺织法律服务网 www.cntextilelaw.com
专业、高质量的服务

业务项目概览

中国国际纺织机械展览会暨ITMA亚洲展览会(每两年一届)
中国国际纺织面料及辅料博览会(每年分春夏、秋冬两届,分别在北京、上海举办)
中国国际家用纺织品及辅料博览会(每年分春夏、秋冬两届,均在上海举办)
中国国际服装服饰博览会(每年举办一届)
中国国际产业用纺织品及非织造布展览会(每两年一届,逢双数年举办)
中国国际纺织纱线展览会(每年分春夏、秋冬两届,分别在北京、上海举办)
中国国际针织博览会(每年举办一届)
深圳国际纺织面料及辅料博览会(每年举办一届)
美国TEXWORLD服装面料展(TEXWORLD USA)暨中国纺织品服装贸易展览会(面料)(每年7月在美国纽约举办)
纽约国际服装采购展(APP)暨中国纺织品服装贸易展览会(服装)(每年7月在美国纽约举办)
纽约国际家纺展(HTFSE)暨中国纺织品服装贸易展览会(家纺)(每年7月在美国纽约举办)
中国纺织品服装贸易展览会(巴黎)(每年9月在巴黎举办)
组织中国服装企业到美国、日本、欧洲及亚洲等其他地区参加各种展览会
组织纺织服装行业的各种国际会议、研讨会
纺织服装业国际贸易和投资环境研究、信息咨询服务
纺织服装业法律服务